五南出版

LIGHT
光譜之美

The Visible Spectrum and Beyond

關於無線電波、紅外線、可見光、紫外線那些看得見與看不見的光

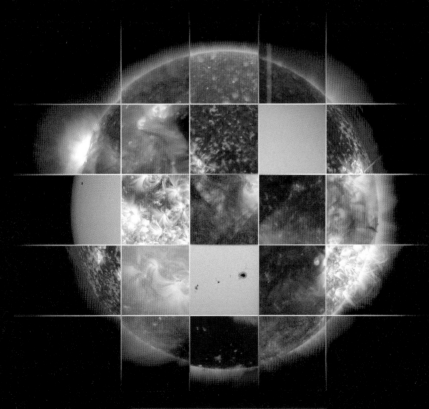

精裝超大彩色圖解

金柏莉・阿坎德 Kimberly Arcand、梅根・瓦茨克 Megan Watzke————著

李明芝————譯

五南圖書出版公司印行

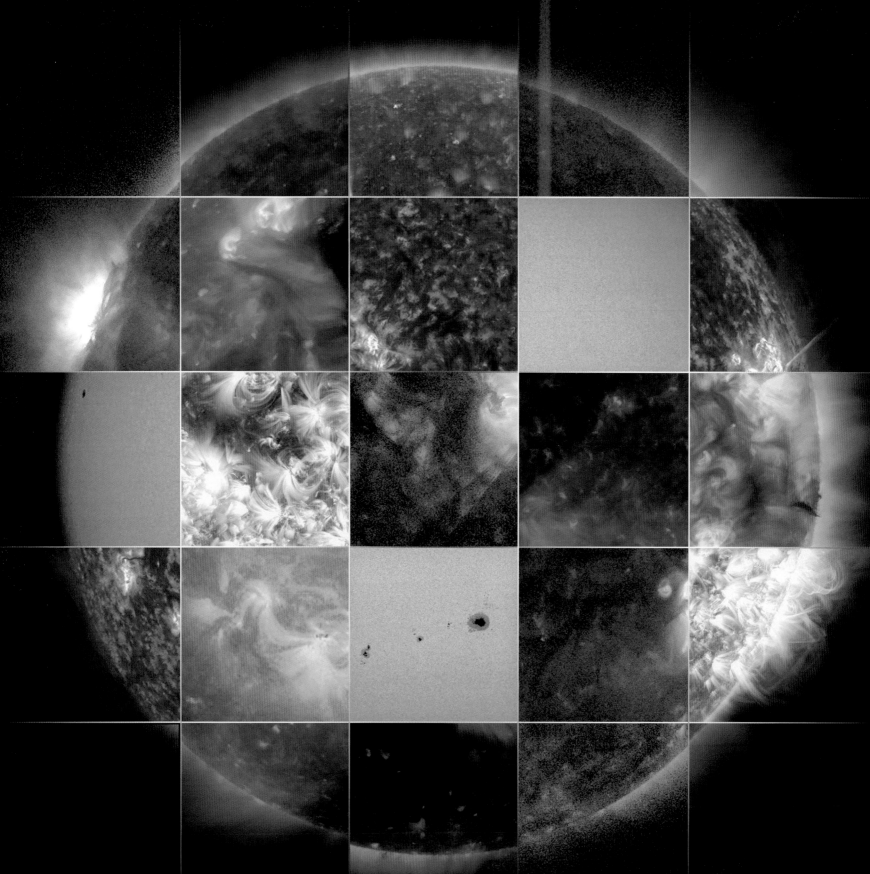

GHT：光譜之美

關於無線電波、紅外線、可見光、紫外線
那些看得見與看不見的光

金柏莉・阿坎德（Kimberly Arcand）
與梅根・瓦茨克（Megan Watzke）

作者簡介

金柏莉‧阿坎德（Kimberly Arcand）
NASA錢德拉X射線天文台的視覺化負
責人，專長為影像及其意義的研究，
也是資料呈現的專家。現居美國羅德
島州的普洛威頓斯市（Providence）
附近。

梅根‧瓦茨克（Megan Watzke）
NASA錢德拉X射線天文台的新聞發言
人，專長為天文學的大眾傳播。現居
美國華盛頓州的西雅圖市（Seattle）。

金柏莉‧阿坎德與梅根‧瓦茨克二人同時為獲獎的導演、製作人和作家，她們投身
於科學和技術的領域，創造發表科學計畫，並共同撰寫《前往宇宙的門票》（*Your
Ticket to the Universe*）一書。

譯者簡介

畢業於台灣大學心理學研究所，曾就讀美國密西根州立大學家庭與兒童生態學系博
士班。熱愛閱讀、興趣廣泛，愛好自由與文學創作，決定脫離單一學術生涯，朝多
元生活邁進。目前專職翻譯、寫作及享受旅行、生活。譯有《50則非知不可的數學
概念》、《演化的力量》、《雙面好萊塢》、《進入你的感官世界》、《發展心理
學》、《50則非知不可的物理學概念》、《約翰‧羅彬斯食物革命最新報告》，以
及親子、心理相關之文章和會議摘要，另著有數篇短篇小說和遊記。

獻給那些喜愛科學

以及尚未愛上科學的人們

▶ 照片中，我們可從上方看見北極光的景象，這是國際太空站的太空人拍攝的畫面。

目　錄

▶ 從陽光、到我們接到的手機來電,再到我們在醫院可能需要用到的X光,這些全都是不同類型的光。

光的簡介

光，無所不在

　　我們或許沒有意識到自己每天都會遇到各式各樣的光。從我們一早睜開眼時看見的光，到手機來電，再到牙醫診所照的X光，這些全都是不同類型的光。

對許多人而言，「光」指稱的是我們人類可用眼睛偵測到的東西。然而進一步探討後，我們將發現這僅僅是全範圍光的一小部分。

因為光（包括人類可偵測到的「可見光」）完全是一種能量型態。我們用眼睛看見的光，只占全宇宙的微小部分（關於可見光的細節可參見第四章。宇宙中有能量小於可見光的類型，還有一些光的形式具有較高的能量。

但很難將可見光與「其他」類型的光完全區分，因為它們其實是同一現象的變化型。如果你有在彈鋼琴，應該不可能說只有包含中央C的和弦才是「音樂」，其他音調就是「別的東西」。音符與和弦或許落在不同的八度音階，但它們全都是音樂。

光也是如此。雖然許多類型的光落在我們最熟悉的範圍之外，但它們仍然是光。人類已演化成可偵測特定範圍（太陽輻射中最強的能量範圍）的光，然而還有其他許多種類型的光存在。

如果你仔細想想，就會覺得很有道理。因為不同物種在地球上經過數百萬、數十億年的演化，全都需要適應自己身處的環境。我們得到的光，來自最近的恆星，也就是太陽。地球上的生物為了生存和成長茁壯，必須演化成可以利用這個能量來源。目前我們了解，太陽釋放的輻射能量幾乎涵蓋所有類型的光，包括紅外線、紫外線、X射線等等。但其中最多的能量是可見光，這就是為什麼地球上的多數生命，演化成對於這種光和其附近的顏色相當敏感。

▲ 從古希臘時代、甚至是更早以前，人們便一再嘗試判定到底什麼是光。幾千年來，人類已透過自己的日常經驗——主要是陽光和火來熟悉光，但是在過去幾百年間，我們終於「張開雙眼看見」其他種類的光。

溫度

0°	1°	1000°	5000°	50,000°
無線電	微波	紅外線	可見光	紫外線

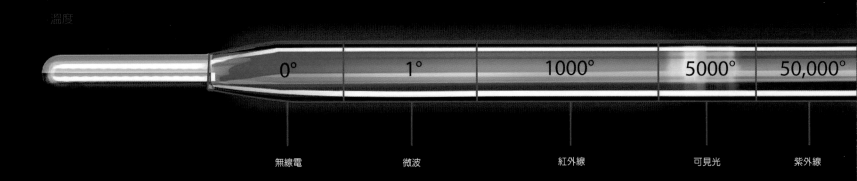

▶ 光會以各種形式出現，整個光譜的範圍是從無線電波到伽瑪射線。思考光的最簡單方法，是把光想成能量，就是所謂的電磁輻射。發出的光波長短，會根據發光源

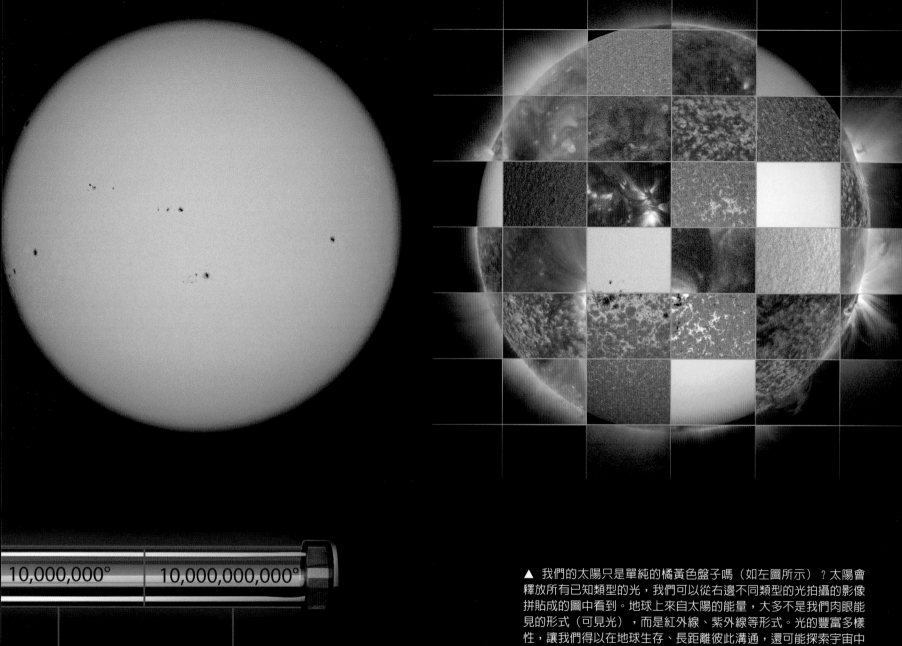

10,000,000° 10,000,000,000°

X射線 伽瑪射線

▲ 我們的太陽只是單純的橘黃色盤子嗎（如左圖所示）？太陽會釋放所有已知類型的光，我們可以從右邊不同類型的光拍攝的影像拼貼成的圖中看到。地球上來自太陽的能量，大多不是我們肉眼能見的形式（可見光），而是紅外線、紫外線等形式。光的豐富多樣性，讓我們得以在地球生存、長距離彼此溝通，還可能探索宇宙中的其他星球。住在地表上的我們，幸運地擁有地球大氣層，幫我們阻擋太陽釋放的其他可能有害的光類型，像是X射線和伽瑪射線。

電磁波譜

光為什麼能有如此不同的形式？

所有形式的光都是能量，科學家把這種能量命名為「電磁輻射」（electromagnetic radiation）。電磁輻射指稱的是穿越真空、或者像空氣或水這類物質的電磁波（另外也有其他類型的輻射，但它們跟光完全沒有關係）。

電磁波（Electromagnetic Wave）是什麼呢？「電」（Electro）指的是電場（Electric Field），而「磁」（Magnetic）大概會讓你想到磁場（Magnetic Field）。電場和磁場可以彼此相互影響，當電場的強弱發生變化時，會驅動周圍的磁場隨之改變強度，接著回過頭來造成電場的持續變化，以此類推。這樣的共生關係，導致電磁波的電場和磁場一起振盪。

若要了解光如何作用，就必須先了解波的行為表現。試想將一顆石頭丟入水面平滑的池塘，一旦石頭撞擊水面，就會造成一連串的漣漪（或波）。不同於擊碎在海灘上的波，池塘裡的波均一旦以特定速度向外移動，直到投下石頭產生的能量消失為止。

現在，請想像你不斷將石頭一直投入池塘的相同位置，因此能量永遠不會下降，漣漪持續以相同的速度向外移動。在這個假想的池塘裡，理論上你可以測量在固定點上新的漣漪有多常經過，這就是我們所謂的頻率。

光的行動，許多方面就像池塘裡的漣漪。因為真空中的光永遠都以相同的速度移動，波峰間的距離（亦即「波長」）就是它的關鍵性質之一。而當你談論等速移動的某個東西時，頻率和波長本質上是一體的兩面（參見第15頁的側欄說明）。

光波的另一個關鍵特性是另一軸——從上到下，其測量值稱之為振幅。光波的波長讓我們知道它是哪種類型的光，振幅則是告訴我們它的強度，也就是亮度。

藉由這三個特性（頻率、波長和振幅），我們可以描述所有類型的光，從無線電波到可見光，再到伽瑪射線，以及之間的所有一切。是什麼造成光有不同的類型呢？為了找出答案，我們必須細查光本身如何構成。

▲ 這張照片顯示當你把一個小物體丟入水中會發生什麼。在物體觸及水面時，產生一圈圈同心圓的漣漪（或說是波）向外移動，直到投下物體產生的能量消失為止。

▼ 光的關鍵性質是它的波長或波峰之間的距離。振幅測量的則是強度或亮度。

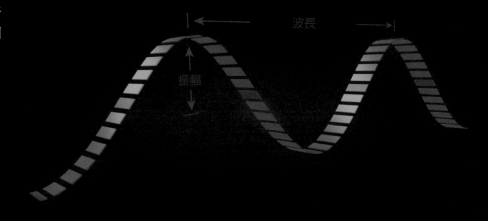

波長

振幅

光的移動速度極為驚人，所以在地球上看來就好像是瞬間移動。然而，以宇宙的浩瀚規模來看，光的持續高速就較顯而易見。因為宇宙如此之大，所以天文學家可用光作為測量距離的方法。這樣的單位，被稱為「光年」。雖然這個名詞聽起來像在測量時間，但事實上指的是光在一年間行進的距離。這個數值大約是6兆英里（約9.5兆公里），數字雖然聽來巨大，但相較於宇宙的廣大無邊，還是顯得相當微小。舉例來說，天文學家最遠可觀測的宇宙邊緣，距離有138億光年之遠。

有沒有離地球近一點的呢？跟我們最接近的恆星（太陽除外）叫做半人馬座 α 星（Alpha Centauri），距離地球約4光年左右。這個意思是說，就算我們建造一艘能以幾近光速飛行的太空梭，都得花上4年多才能抵達半人馬座 α 星，回程也要花上相同的時間。

現實中，目前我們可以離開地球軌道、飛往半人馬座 α 星的火箭，最高速度大約是每小時24,000英里（每小時38,600公里）。這樣的速度，光是抵達火星，就需要耗費6到9個月的時間。至於到半人馬座 α 星，至少得花超過10萬年才有可能。

儘管人類短期內無法到太陽系以外的任何地方旅行，但我們可藉由遠方的恆星、星系和宇宙的其他部分所釋放、抵達地球的光，對它們進行了解。利用光，我們憑藉距離資訊可獲悉更多有關宇宙間物體的所在位置，還能夠得知某些事件的發生時間。換句話說，光年是用於測量距離，但因為光基本上在整個太空都暢行無阻，所以也能藉此得知物體的年紀有多大。這說明光的獨特性質，以及光能提供什麼訊息的另一個例子。

▲ 哈伯太空望遠鏡（Hubble Space Telescope）讓我們看到可見光下能看見的一些最遠物體。哈伯對著同一塊看似真空的天際超過十一天的時間，最後拍攝到的物體，它們的亮度比肉眼能見的微弱1億倍。這張影像裡的最遠星系，被認為只比宇宙大爆炸（Big Bang）年輕幾億年。

太陽

半人馬座 α B星

半人馬座 α A星

◀ 這幅畫家圖解描繪的是半人馬座 α 星系，其中包括三顆恆星，或許至少還有一顆行星。半人馬座 α 星是除了太陽以外離我們最近的恆星，但是距我們仍有數兆英里遠，以現有的技術還無法抵達。在圖的右上角是太陽的所在之處。

原子、分子
與光

週期表裡的118個元素是自然界中的樂高積木，也就是說，我們所知的萬事萬物，都是由這**118**個元素配置建構而成。回想過去的物理課或化學課，或許你曾看過這樣的方格與字母組合。作為基礎的這些元素，本身是由名為原子的更小粒子構成。

　　原子有三個不同的成分：中子、質子和電子。藉由重新組裝這三種核心元件的配置，大自然可建構出任何一種元素。

　　中子的電荷是中性，位處於原子的中心，或稱為原子核。跟中子同處於原子核的是質子，帶有一個正電荷。中子和質子的數量定義了週期表中的各個元素，例如，氫（**Hydrogen**）有一個質子、氦（**Helium**）有兩個質子和兩個中子等等。

　　為了讓原子保持中性，亦即不帶正電或負電，需要有跟質子等量的電子（帶負電的粒子）。因此，在標準的氦原子中，有兩個帶負電的電子環繞著原子核運行，抵銷原子核內兩個質子的「**+2**」電荷。

　　電子不同於中子和質子，位處於原子核之外，沿著非常特定的軌道急速繞行原子核。換句話說，電子無法隨心所欲地移動，只能占據特定的空間或「殼層」。

　　若要理解這個概念，你可以想像樓梯的樣子。你能往上或往下走一階或兩階，但是你無法往上走**1.5**階。電子的軌道就像這樣。繞行原子核的電子，必須占據特定的軌道或「階梯」，雖然它們可以、也確實會移動到其他軌道，但它們無法行走在兩個軌道之間。它們只能占據在特定的軌道之一。

　　這跟光有什麼關係？幾乎可說是每個方面都有關。各元素在電子從一個軌道落入另一個軌道時，會釋放出特殊的光。因此，科學家只靠光的識別標誌，就能辨認釋放光的元素為何。

　　至於電子一開始如何能登上階梯？當能量注入原子，例如跟另一個原子碰撞或遇到電磁波，電子就可以移動到另一個軌道。發生這樣的情況時，電子可以往上跳一階（或兩、三階）到科學家所謂的更高軌道。而當電子退回原有的軌道時，釋放的能量就是被稱為「光子」（**Photon**）的一小波包。

　　光子被製造出來時，以光速（大約每秒**186,000**英里）從

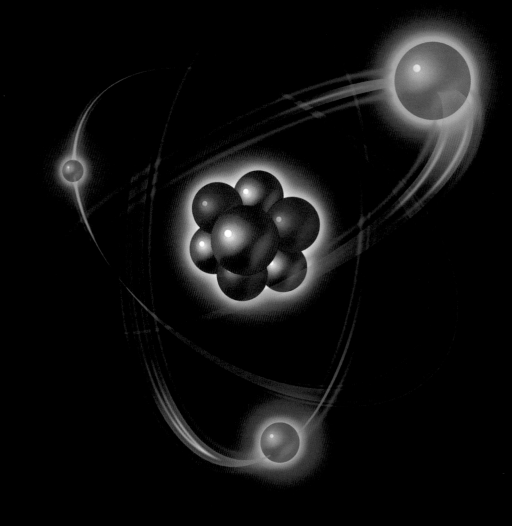

生成的原子爆發出來。光子沒有任何質量、也沒有攜帶電荷，但具有特定的能量。這種像指紋般的特定能量，由電子經歷的精確軌道變化決定。換句話說，光子的能量，完全跟它從哪個階梯（出處的原子類型）往下、往下多少階（起始與結束的軌道為何）有關。

　　當光子移動時，也能表現得像波。而光子的能量決定波的性質，亦即波長。光的能量越少，波長就越長，亦即各個波峰之間的距離就越大。如果光子的能量較多，波長就會短許多。光的強度（換句話說就是光波的高度，或稱振幅），取決於特定期間內有多少光子撞擊到特定區塊。

▲ 在此圖中所描繪的原子，中心具有紅色的質子與黑色的中子，（藍色的）電子則環繞原子核運行。

▼ 元素週期表有組織地呈現宇宙中自然出現、約100種建構元件的資訊（其餘的元素則是由人類所製造的）。方格中，字母上方的數字代表元素的原子序，意指一個原子中有幾個質子。

1 H 氫																	2 He 氦
3 Li 鋰	4 Be 鈹											5 B 硼	6 C 碳	7 N 氮	8 O 氧	9 F 氟	10 Ne 氖
11 Na 鈉	12 Mg 鎂											13 Al 鋁	14 Si 矽	15 P 磷	16 S 硫	17 Cl 氯	18 Ar 氬
19 K 鉀	20 Ca 鈣	21 Sc 鈧	22 Ti 鈦	23 V 釩	24 Cr 鉻	25 Mn 錳	26 Fe 鐵	27 Co 鈷	28 Ni 鎳	29 Cu 銅	30 Zn 鋅	31 Ga 鎵	32 Ge 鍺	33 As 砷	34 Se 硒	35 Br 溴	36 Kr 氪
37 Rb 銣	38 Sr 鍶	39 Y 釔	40 Zr 鋯	41 Nb 鈮	42 Mo 鉬	43 Tc 鎝	44 Ru 釕	45 Rh 銠	46 Pd 鈀	47 Ag 銀	48 Cd 鎘	49 In 銦	50 Sn 錫	51 Sb 銻	52 Te 碲	53 I 碘	54 Xe 氙
55 Cs 銫	56 Ba 鋇	57 La 鑭	72 Hf 鉿	73 Ta 鉭	74 W 鎢	75 Re 錸	76 Os 鋨	77 Ir 銥	78 Pt 鉑	79 Au 金	80 Hg 汞	81 Tl 鉈	82 Pb 鉛	83 Bi 鉍	84 Po 釙	85 At 砈	86 Rn 氡
87 Fr 鍅	88 Ra 鐳	89 Ac 錒	104 Rf 鑪	105 Db 𨧀	106 Sg 𨭎	107 Bh 𨨏	108 Hs 𨭆	109 Mt 䥑	110 Ds 鐽	111 Rg 錀	112 Cn 鎶		114 Fl 鈇		116 Lv 鉝		118 Og 鿫

58 Ce 鈰	59 Pr 鐠	60 Nd 釹	61 Pm 鉕	62 Sm 釤	63 Eu 銪	64 Gd 釓	65 Tb 鋱	66 Dy 鏑	67 Ho 鈥	68 Er 鉺	69 Tm 銩	70 Yb 鐿	71 Lu 鎦
90 Th 釷	91 Pa 鏷	92 U 鈾	93 Np 錼	94 Pu 鈽	95 Am 鋂	96 Cm 鋦	97 Bk 鉳	98 Cf 鉲	99 Es 鑀	100 Fm 鐨	101 Md 鍆	102 No 鍩	103 Lr 鐒

波長 VS. 頻率

當你開始研究光的議題時，一定會遇到「頻率」這個名詞。科學家和其他撰寫相關文章的人，多用頻率來討論特定型態的光具有多少能量。奇怪的是，這聽來不就跟波長一樣，不是嗎？確實如此，但這是有原因的。波長和頻率，實際上是一體的兩面。頻率測量的是在某段期間內（例如1秒）經過某特定點的波峰有多少。因為光在通過真空時，總是以相同的精確速度（大約每秒186,000英里）行進，所以頻率跟波峰間的距離（或波長）有直接的關聯。比方說，有種光波每秒在我們眼前經過5個波峰。如果另一種波每秒經過的波峰更多，因為波的速度相同，所以它的波長就比較短。波長較短（或頻率較高）的光，攜帶的能量比波長較長（頻率較低）的光更多。

本書在討論各類型的光時，通常會使用波長。但基於歷史和其他原因，某些類型的光與圍繞它們發展的領域，習慣上使用頻率作為測量單位。最明顯的例子是無線電波，只要想想收音機的旋鈕就能理解，因為你轉動調整的是某一頻率、而不是特定波長。但為了簡單起見，我們還是繼續使用波長來討論光。

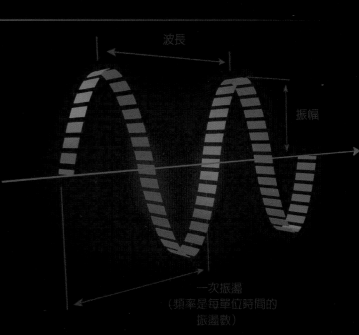

波長

振幅

一次振盪
（頻率是每單位時間的振盪數）

光子是種微妙的東西，因為除了像波一般的表現，某些情況下也有粒子的表現。物理世界中，波和粒子通常具有截然不同的習性。舉例來說，波會擴散，可以占據相當大的空間。另一方面，粒子則是有個確切的位置。當科學家發現光同時具有兩種性質時，出現了重大的突破——以及超大的驚喜。

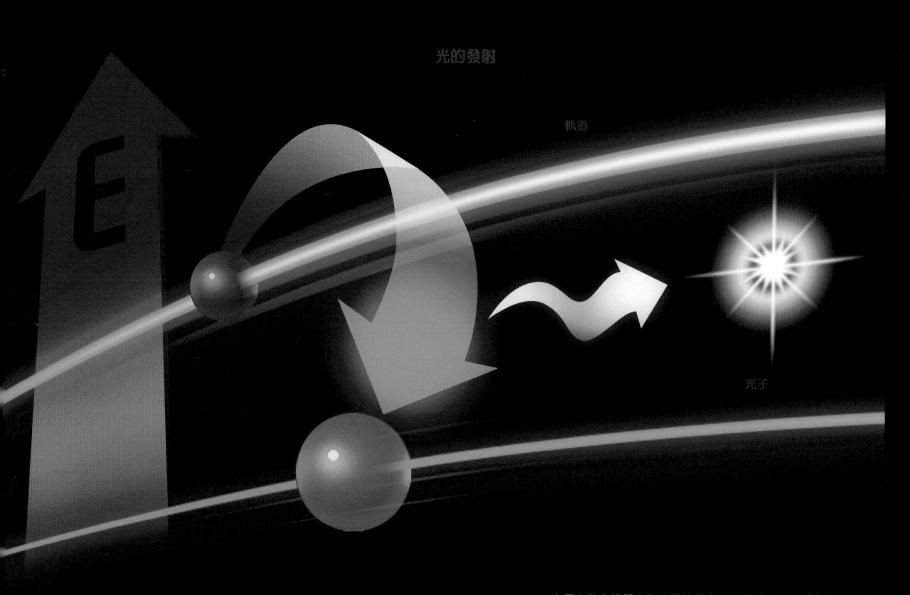

光的發射

軌道

光子

▲ 光是由數十億稱之為光子的基本粒子組成，是一波包的能量。光的研究，讓我們理解所有物質的特定建構元件，像是原子、離子和分子。這張示意圖呈現電子從一個軌道移動到另一個軌道時，稱之為光子的一波包能量如何被釋放出來。

誠如本書概述，我們有一整個宇宙的光無法只用人類的眼睛看到，「我們的眼睛能夠看見的遠遠少於無法看見的」這樣的說法絕不誇張。

　　然而，透過科學、技術與工程的進展，我們現在擁有工具，可以看見過去看不見的東西。科學家和探索不可見類型光的其他人，已經發展出讓我們能透過視覺「轉譯」來看見這些影像的方法。

　　就像從一種語言翻譯成另一種語言、讓我們認識和理解但無須改變意義和目的一般，視覺轉譯也可以保留原始的訊息，將資料輸入成我們的眼睛和大腦能理解的形式。

　　我們可以把眼睛看不見的光加上顏色，使用的方法有許多，因此有數種不同的名詞。其中之一是經常受到議論的「假色」，從某些方面來看，這個名詞確實是不太恰當，因為某種程度似乎暗指這種配色是假造的東西。事實上，許多使用顏色轉譯原本看不見的資料的人，正因為這樣的理由而避開這個名詞，選擇另一個名詞：「代表色」。

　　本書的底線是，書裡的影像至少代表真實的科學資料（除非標記為畫家構圖），顏色則是用來幫助傳遞資料集時的一種科學與美好的方法。

　　許多領域都用到著色這個重要工具，從小中之小（顯微鏡學）到大中之大（天文學），還有介於兩者之間的許多事物（甚至包括藝術）。

　　微生物學家在處理如老鼠大腦的影像時，可能選擇一種顏色代表在光下顯現的組織，另一種顏色則代表不出現的組織；地質學家可能依據地形，為各個影像著色；天文物理學家可能希望呈現不同元素（例如鐵或鎂）在宇宙物體的何處被找到，他們可藉由將不同片段的光著上不同的顏色來展現。因此，如果你看到粉紅色的行星或綠色的腦，很有可能就是在看假色或代表色的影像。

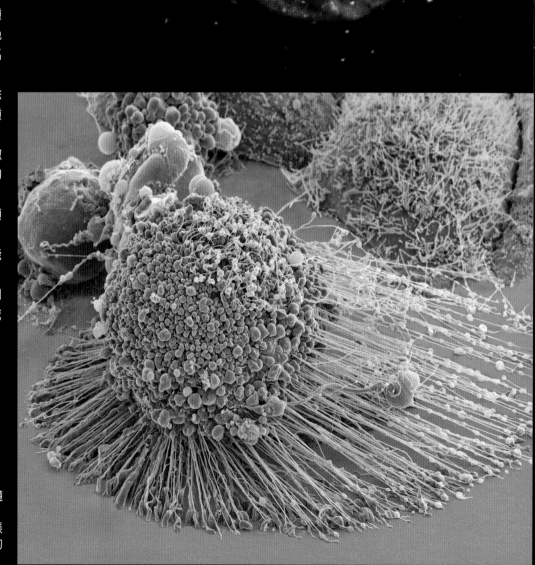

▶ 這張X光影像呈現的是超新星殘骸G299.2-2.9，此為距地球約16,000光年遠的大質量恆星死亡後的結果。各種顏色代表在X射線下發現的不同元素。例如：綠色代表鐵，藍色代表矽和硫。

▶ 利用電子束掃描樣品來製造影像的掃描式電子顯微鏡（Scanning Electron Microscope, SEM），產生的是灰階的影像。影像生成後必須再加上顏色，許多天文影像就是這樣產生。這張影像呈現的是一個死於癌症的細胞。在許多情況下，加上顏色的科學影像能幫助看的人更容易理解訊息。

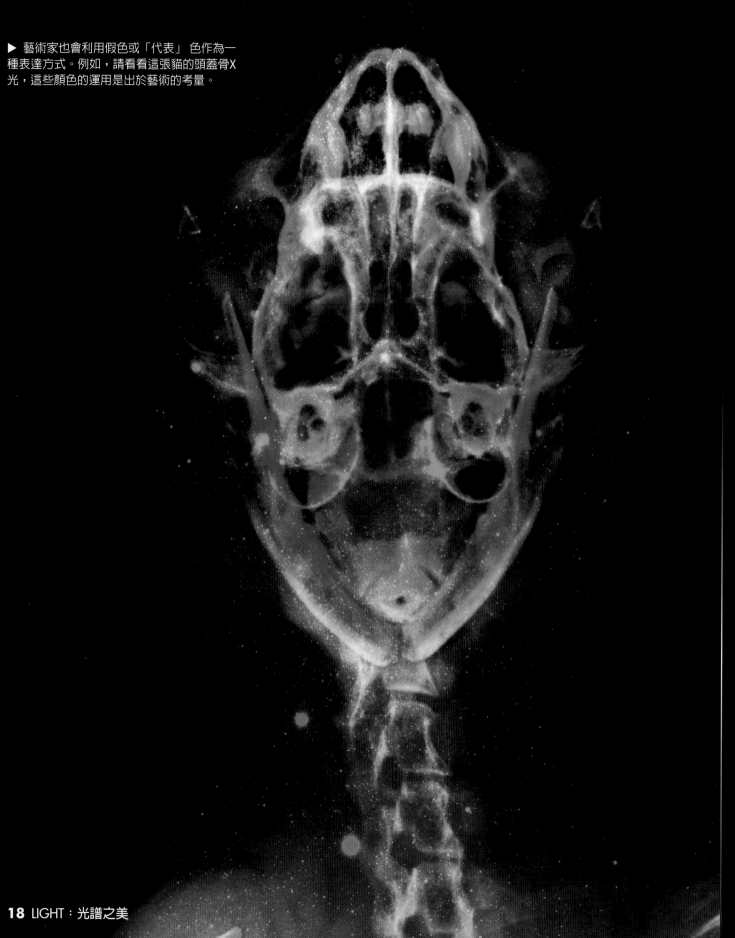

▶ 藝術家也會利用假色或「代表」色作為一種表達方式。例如，請看看這張貓的頭蓋骨X光，這些顏色的運用是出於藝術的考量。

▶ 利用多重來源收集數年的雷達資料，創造出這張金星的色碼畫像。在這張影像中，紅色代表山區，藍色代表山谷。地質學家對於金星的地形很感興趣，因為它跟我們的地球有許多相似之處。註：你在第二章看到的不同版本的金星，應該比較接近人類眼睛能看見的顏色。

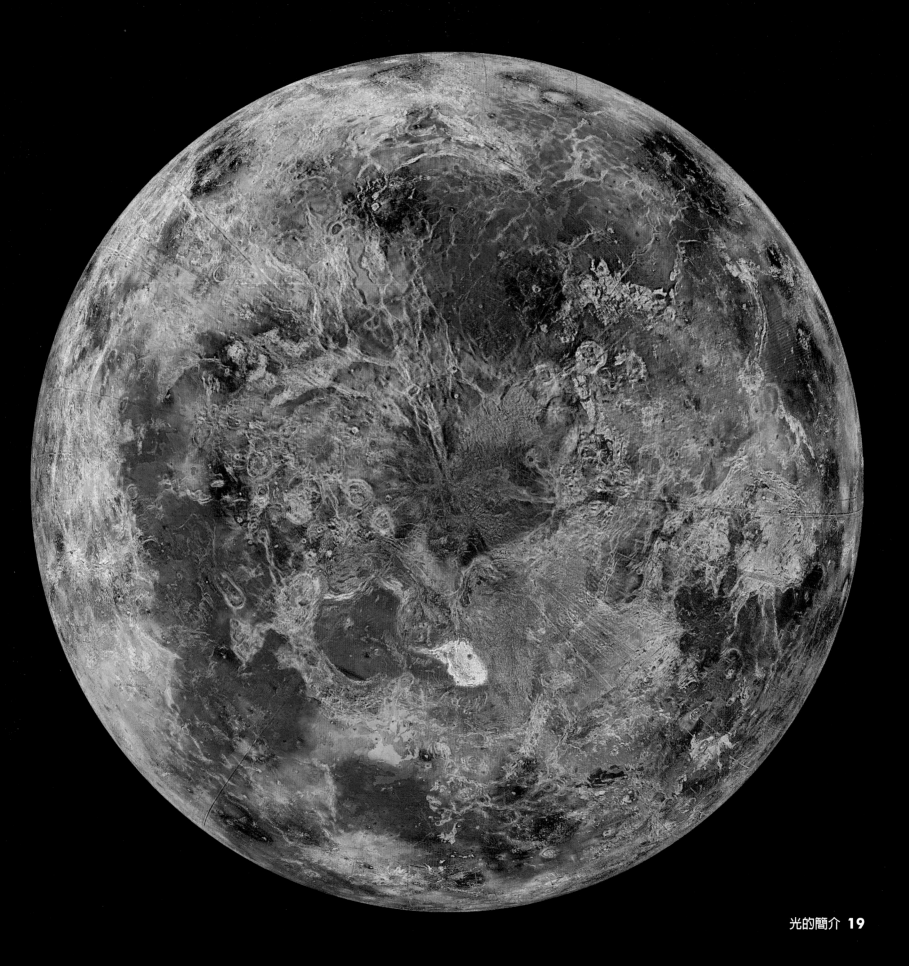

拼接光譜

分類光的最常見方法之一是根據波長劃分，本書的作法就是如此。電磁輻射（或光）的整個波長範圍，理所當然被稱為電磁波譜。過去幾年來，科學家已將光劃分成七大類。在接下來的章節，我們將根據各自的波長及其光子攜帶的能量，一一探討各種類型的光可能有什麼樣的表現。

然而，這些類別並不是把光做嚴格的絕對區分，反倒是所有的光都有連續性。請想像你開車的速度有可能慢到每小時1英里，或可能快到每小時200英里。如果你想要，也可以將車子的速度劃分成特定區塊。或許你有充分的理由想仔細研究汽車在時速100英里到120英里之間的性能，然而，這並不表示從時速99英里到100英里會出現驚人的變化。同樣的，在光的劃定界限上，例如電磁波和微波之間，或X射線和伽瑪射線之間，特性和行為會有一些流動性。

儘管如此，光譜中還是有一些自然的區分。「可見」類型的光，是人類眼睛能夠見到的特定範圍。當威廉·赫歇爾（William Herschel）在西元1800年發現彩虹的紅色之外還有光時，他把它稱做為「紅外線」（Infrared）（意思是紅光「之外」）。同樣的，約翰·里特（Johann Ritter）發現在彩虹另一端的紫色之外也有光，這樣的光就成為我們所知的「紫外線」（Ultraviolet）。儘管用特定的方式分類光有某些直接或歷史的因素，但我們不該過於強調哪種光從哪裡開始、哪種光到哪裡結束的細節。畢竟，它們全都是光。

我們在本書使用的七大類光，能量從最小到最大依序為無線電、微波、紅外線、可見光、紫外線、X射線和伽瑪射線。然而也請記得，它們全都代表時速不同的同一輛車。接下來，我們將開始逐一探究各種類型的光、它的行為表現，以及對我們的日常生活能提供何種幫助。

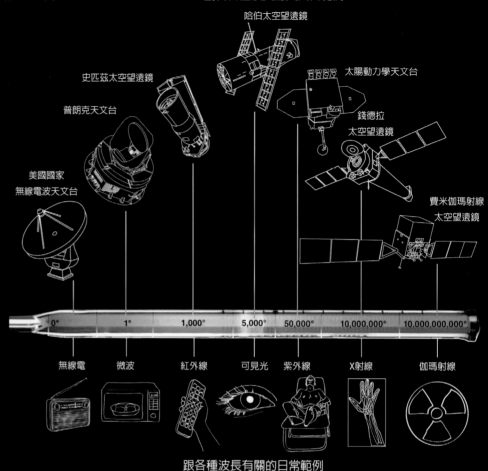

觀看各種波長的天文台範例

哈伯太空望遠鏡
史匹茲太空望遠鏡
太陽動力學天文台
普朗克天文台
錢德拉太空望遠鏡
美國國家無線電波天文台
費米伽瑪射線太空望遠鏡

| 0° | 1° | 1,000° | 5,000° | 50,000° | 10,000,000° | 10,000,000,000° |

無線電　微波　紅外線　可見光　紫外線　X射線　伽瑪射線

跟各種波長有關的日常範例

▲　四百多年前，當義大利科學家伽利略·伽利萊（Galileo Galilei）首次將望遠鏡轉向天空，就是在使用一種增強天然視覺的工具。伽利略透過望遠鏡觀察的可見光，僅僅代表我們現在所知的浩瀚宇宙中、整個光譜的一小片段。整個光譜的範圍，從長波長的無線電、微波和紅外線波，到波長較短的紫外線、X射線和伽瑪射線。這張圖同時呈現各種光的日常使用範例：從微波爐到醫生用的X光。

▼　彩虹通常被切分成人類眼睛可偵測的六種顏色：紅、橙、黃、綠、藍和紫（有些人會在藍和紫之間加上靛色，但較不常見）。然而在1800年，威廉·赫歇爾發現紅光之外有一種我們看不見的光。這種光後來被命名為「紅外線」光。不久之後，約翰·里特同樣進行實驗，想看看紫色之外是否也有光。結果確實是有的，這種光最後被命名為「紫外線」光。今日，我們將完整的光譜分成七種類型，包括無線電、微波、紅外線、可見光、紫外線、X射線和伽瑪射線。

▶ 數千年來，人們一直在探尋對光的理解。歷史上已經有幾個最聰明的腦袋，試圖解決光是什麼以及如何作用。包括畢達哥拉斯（Pythagoras）、歐幾里得（Eclid）和托勒密（Ptolemy）在內的古希臘人，全都曾將他們的聰明才智傾注於光的探索。一千多年以前，阿拉伯學者在理解鏡子、透鏡和三稜鏡的作用上有重大進展。而在過去的幾百年間，像是艾薩克·牛頓（Isaac Newton）、亞伯特·愛因斯坦（Albert Einstein），還有其他許多的科學家，都曾付出極大努力，希望能深入了解光到底是什麼以及光為何會如此表現。

▶ 光可以做些什麼？
在這張照片中，我們
剛好能看見光的兩種
性質。誠如我們在可
見光那章所討論的，
太陽落下時照亮雲層
上方，讓雲出現帶紅
的色調。這是因為太
陽發出的紅光有較長
的波長，在穿越地球
的大氣層時，比較不
像短波長的藍光會被
散射掉。陽光也被下
方的水面反射，浪花
滾滾中，光與水相遇
的角度各有不同，因
此光會往許多不同的
方向反射。

作者的說明

我們撰寫本書的目標十分簡單：首先，我們希望讀者可以認識光的許多不同類型，不只是人類眼睛可見的那一小片段；第二個目標是，希望人們能夠看到各種類型的光可能做出的驚人之舉；第三個目標則是想傳達，即便是以不同的面貌呈現，各種光基本上仍全都是相同的東西。過程中，我們會另外介紹一些重要人物，他們對人類理解和使用被稱之為光的奇妙東西有重大貢獻。

　　為了達成這些目標，我們在涵蓋無線電、微波、紅外線、可見光、紫外線、X射線和伽瑪射線的七個章節，全都加入這幾個專題，包含：

▶ *焦點科學家*：在此會提到一些對於特定形式的光做出重大進展的人，主要是在最初發現的領域。這部分未盡全面，因為我們也必須省略許多重要的貢獻者。但希望能為有興趣的讀者提供一個出發點，由此了解更多有關這個領域的先驅。

▶ *浩瀚宇宙*：這個部分簡短呈現這類型的光如何讓我們看見宇宙的各種事物。十九世紀以前，我們除了可見光，並不知道還有許多其他種光，而多數的技術（包括能將望遠鏡和儀器帶離地球大氣層的火箭），直到二十世紀中旬才出現。換句話說，我們在這數百年間藉由光對宇宙的認識，遠比過去數千年來用肉眼仰望天空能獲得的還要多更多。

▶ *跨越光譜*：這部分不同於各章的其他部分，聚焦的是各類型光的共同之處。簡而言之，我們想強調無論它們有多少差異，光就是光。

◀ 位於美國新墨西哥州索科羅（Socorro）的超大天線陣列（Very Large Array, VLA）是由27個無線電天線盤組成。每個天線盤大約82英尺（25公尺）寬，重量約為230公噸。

無線電波

無線電波是我們所能偵測到的能量最低的光。雖然它們聽起來好像是光之家族的魯蛇，但完全不是那麼回事。相反的，無線電波的本事相當高強，它能通過許多物質，使得通訊到探索等種種都成爲可能，

點亮一切

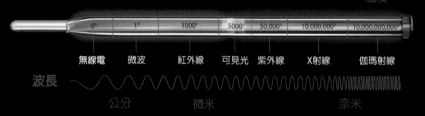

溫度

| 無線電 | 微波 | 紅外線 | 可見光 | 紫外線 | X射線 | 伽瑪射線 |

波長

公分　　　微米　　　　　奈米

波長（cm）：1公釐（0.04英寸）到大約100公里（60英里）
波長範圍大小：範圍很大，但平均 = 建築物
頻率（Hz）：$< 3 \times 10^9$
能量（eV）：$< 10^{-5}$
到達地球表面：有
科學儀器：收音機、望遠鏡、發報器、氣象或其他雷達

無線電波的亮點：
◉ 擁有最長的波長並跨越光譜的很大範圍。
◉ 大部分無線電波能通過地球上的常見物質，像是空氣、水和各種建築材料。
◉ 自然界中，無線電波會由地球的閃電和太空的許多物體發出，像是低溫氣體雲團、恆星與星系。

光裡的一天

有些人早上喜歡從收音機傳來的聲音中醒來，而不是被嗡嗡作響的鬧鐘吵醒。每個早晨，你從收音機聽到的歌曲或新聞或許不同，但它們可能都是你日常最早感受到（轉換成聲波）的無線電波。無論你是使用GPS前往新的地點、用無線電話或手機打電話、使用藍芽啟動裝置，甚至用遙控打開車庫的門，你都是在使用無線電波。

我們從電磁波譜的這端出發，由無線電波開啟整個光的旅程。無線電波位在電磁波譜的長波長這端，跨越的範圍相當地廣，最短的無線電波具有幾百英寸的波長，而波長最長的兩個波峰之間，可能延伸到60英里以上。

無線電波因為波長超長而擁有特殊能力：它們通常能在空間中自由移動，不受其他的電磁波影響。若要了解其中緣由，你可以想想大象和蚊子，蚊子可以隨心所欲繞著大象嗡嗡地飛，但卻大概很難讓這頭龐然大物慢下腳步。但倘若這隻蚊子只是試圖擾亂另一隻蚊子的飛行路徑，就很有可能成功，因為牠們的個頭相差不遠。

無線電波就是光之國度裡的大象（至少在這個比喻中），它們的波長長到無法被世上所有其他類型的光打擾。同理可證，因為無線電波的波長很長，所以也能通過許多物質，像是空氣、水和混凝土。換句話說，地球大氣層中的原子或建築物牆裡的石膏分子都只是蚊子，影響不到這頭漫步緩行的無線電波大象。

這種特性或「超能力」，就是許多重要系統（包括收音機）都使用無線電波的原因。如果你跟我們多數人一樣都曾用過收音機，你就會知道各個廣播電台都有自己的頻率，誠如我們先前在簡介的討論，頻率跟波長是相同的意思。政府單位將特定的廣播頻率，各自分配給不同的廣播電台。聽眾只要轉動旋鈕，或用箭頭在不同的頻率間前後調整，就能使用各種設備接收特定的信號。

我們「聽得見」
無線電波嗎？

在談論聲波的同時你也許會想問問：我們在太空中能不能聽到你尖叫？也就是說，如果你有幸身在太空，而我們剛好也跟你一起，有可能聽得到嗎？是有這個可能，如果你有足夠的空氣可用來尖叫，同時如果我們正與你共享空氣，我們就會聽到你叫。但如果你往外漂浮到太空的真空處而且沒有穿太空衣，你就沒有空氣可用來尖叫。此外，缺乏空氣的問題，絕對比有沒有人聽到你叫來得更大、更急迫。我們從這張照片可以看到，1984年NASA太空人布魯斯·麥克坎德雷斯二世（Bruce McCandless II）在太空中操控機器，離開挑戰者號太空梭（Challenger）數公尺遠。

焦點科學家

海因里希·赫茲

海因里希·赫茲（Heinrich Hertz）是德國的科學家，在十九世紀後期證明了無線電波的存在。赫茲不只能產生與播送無線電波，還可以理解（並展示）無線電波基本上是電磁輻射。至於電磁理論則是1865年由另一位科學家詹姆斯·克拉克·馬克士威爾（James Clerk Maxwell）首次提出。雖然赫茲因為早逝（36歲時過世）而職業生涯短暫，但他進行了許多重要實驗，例如，他證明無線電波跟其他的電磁波（如可見光）有相同的速度。這點證實了無線電波基本上跟其他類型的光相似，因此應該被視為另一種類型的光。而他最重要的貢獻是，證明無線電波形式的光脈衝可以無線發送，由此開啟了電報，以及最終至今日使用的大量「無線」技術的大門。多年以後，赫茲的姓成為頻率的單位（縮寫為Hz），代表波每秒的週期（從波峰到波峰）數。

無線電波正如其名，也像其他所有類型的電磁輻射一樣，都是以波的方式移動。無線電照著光波攜帶訊息的方法，將人的聲音或音樂覆在特定波長的無線電波上移動。進行方式不是藉由改變波的高度或振幅（稱為「調幅」或AM），就是些微改變波間距離（「調頻」或FM）。兩種類型的無線電廣播各自占據特定的無線電波範圍：AM電台傳送的是數百公尺（小於1,000英尺）的波長，而FM信號則是約3公尺（約10英尺）的波長。

我們在此需要花點時間澄清常見的誤解：無線電波常被誤認成它的近親——聲波，我們多數人每天都感受得到聲波，而把聲音運送到我們耳中的正是聲波。無線電波和聲波的關鍵差異，在於傳導的環境，無線電波就像所有的電磁波，可以在真空中自由且不斷地傳導；另一方面，聲波的傳導是壓縮它經過的介質（如空氣），若少了介質，聲波就不存在。兩種波的另一個主要差異，是它們的行進速度，海平面的聲波，音速大約是每小時1,200公里或760英里。無線電波則是光速俱樂部的成員，移動速度大約每秒299,792,458公尺或186,000英里。

連結無線電波和聲波之間的是什麼呢？是我們製造來將一種轉換成另一種的機器，無線電廣播發射機就是設計來將聲波轉換成無線電波的，而收音機則是將無線電波轉成聲波。收音機接收無線電波，將它們轉換成喇叭中的機械振動，成為我們可以聽到的聲音。

然而，無線電波可延伸到遠超過AM或FM電台所搭載的波，能做的事還有更多。自然界中，地球上的無線電波是由閃電生成，而太空中的許多物體——從星系到黑洞——也會產生無線電波。

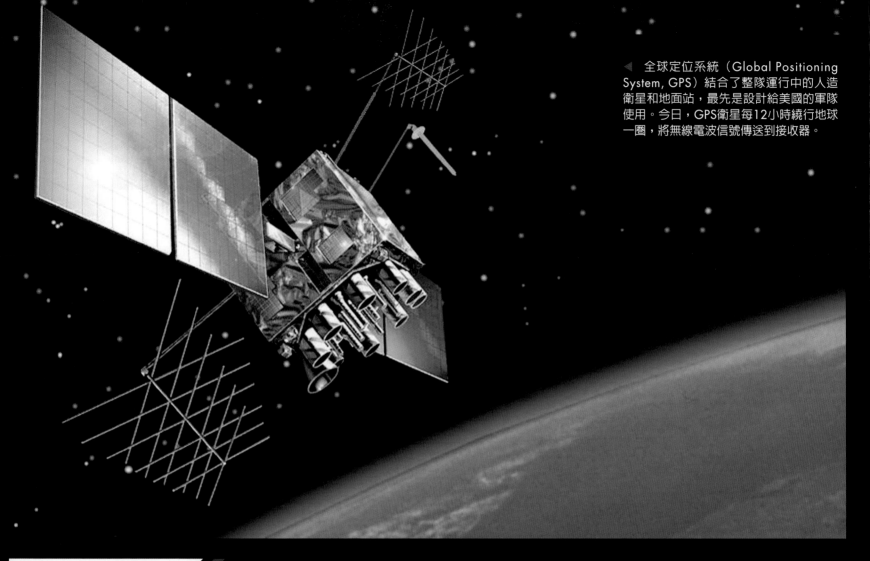

▸ 全球定位系統（Global Positioning System, GPS）結合了整隊運行中的人造衛星和地面站，最先是設計給美國的軍隊使用。今日，GPS衛星每12小時繞行地球一圈，將無線電波信號傳送到接收器。

SETI以及「WOW!」信號

如果你曾想過我們在宇宙中是否孤單，或許你會很高興知道，還有許多人也考慮過相同的問題。如果地球以外還有其他文明，那是在多遠之處？我們有沒有可能跟他們溝通？外太空智慧搜尋計畫（Search for Extraterrestrial Intelligence, SETI）出現的目的，就是在探索這樣的問題。因為無線電波幾乎可暢行無阻地穿越宇宙的氣體與塵埃，所以科學家假設，這種類型的光，可能是外星文明用來跟其他文明接觸的光。

1977年，美國俄亥俄州立大學（Ohio State University）的無線電望遠鏡偵測到一個信號，強度比我們周遭典型的背景噪音還要強30倍。這個無線電信號持續了72秒，但之後卻再也沒有收到。或許你能猜到這個信號為何被取了個著名的綽號：Wow!。無論它是電腦故障、源自於太空的某樣東西，或者跟這些完全沒有關係，我們很可能因為無法測試和確認而永遠不知道答案。但在搜尋地球外智慧生命的歷史上，這絕對是值得註記的重要時刻。

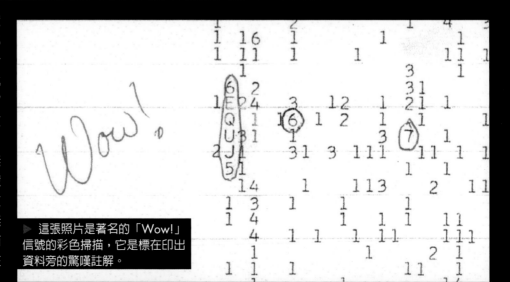

▸ 這張照片是著名的「Wow!」信號的彩色掃描，它是標在印出資料旁的驚嘆註解。

珍貴的波長地產

人類已學會用許多方式駕馭無線電波的力量，舉例來說，每當我們接手機或按下車庫門的遙控器時，我們就是用到無線電波。從更高的層次來看，無線電波使得航空、氣象雷達，以及導航系統（如GPS）成為可能。

事實上，無線電波的用處極多，珍貴到需要成立涵蓋私人與公立的全球性機構，決定誰可以使用什麼無線電波以及做什麼用途。國際電信聯盟（International Telecommunications Union）的成員包含幾乎全世界的國家，以及大約七百間民營企業。

無線電波的表現有何重大差異，主要是根據波長而定，例如，波長較長的無線電波通常可暢行無阻地移動很遠的距離，然而波長較短的無線電波幾乎完全無法折彎而以直線前進。

因此，根據你想使用無線電波的目的，需要占據特定的波長地產。另外，就像其他的電磁波，無線電波也遵循一組物理性質，在適當的環境中會彎曲、反彈、吸收、分散等等。我們在本書會一一談到這些性質，但首先我們將重點放在波的彼此干涉有什麼意義。

顧名思義，干涉指的是一個波涉入另一個波。有時，如果是一致的波，干涉就可以增強特定的信號，但情況通常不是如此。若不同波長的無線電信號彼此重疊，結果可能變成攪成一團的無線電糊，導致訊息停滯或喪失。

在無線電波堅不可擋的印象形成以前，我們必須先考慮別的事情。無線電波（或就此而言是任何類型的光）可以被某些物質阻擋。舉例來說，無線電波無法穿透金屬。為什麼呢？因為某些原子與分子的組態是以特別的方式結合，會吸收特定波長的光，就連無線電波的長波長也不例外。結果證明，最能有效吸收無線電波長的是金屬，這就是為什麼金屬得以成為隨心所欲、暢行無阻的無線電波的「克利普頓石」（Kryptonite，《超人》漫畫裡的虛構礦物，存在於超人的故鄉——克利普頓星，能改變克利普頓人的身體或性格，並且讓地球人擁有超能力）。

▲ 我們能看著水波來試著理解干涉。在這張
鴨子游泳的照片中，可以見到幾個不同的水
波彼此重疊（干涉）。

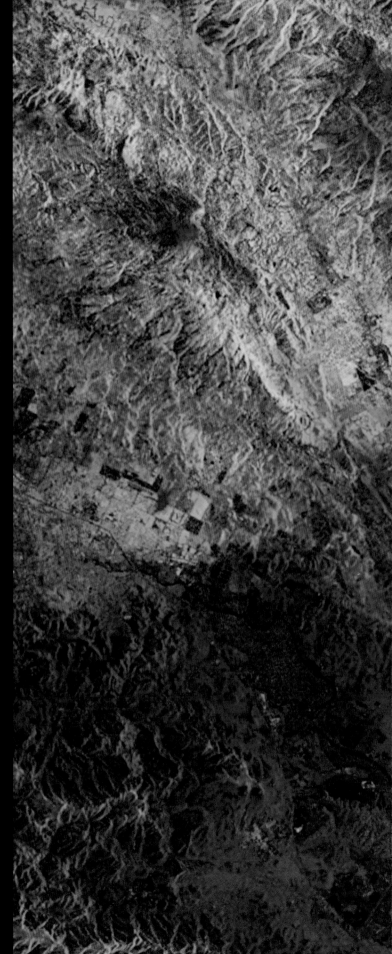

▶ 干涉可用於一種就名叫「干涉法」（Interferometry）的技術。例如，經由比較大地震（像
是2014年八月在美國加州納帕谷（Napa Valley）的地震）發生前後所取得的兩組資料，科
學家可以了解地面在地震期間如何移動（右圖中央所示，兩個環狀的區域）。這種稱為干涉
圖（Interferogram）的影像，能幫助研究者模擬地震，並且對導致地質事件的斷層有更多了
解。其他領域也能使用干涉法，例如天文學，可以用來結合多部望遠鏡的訊息。

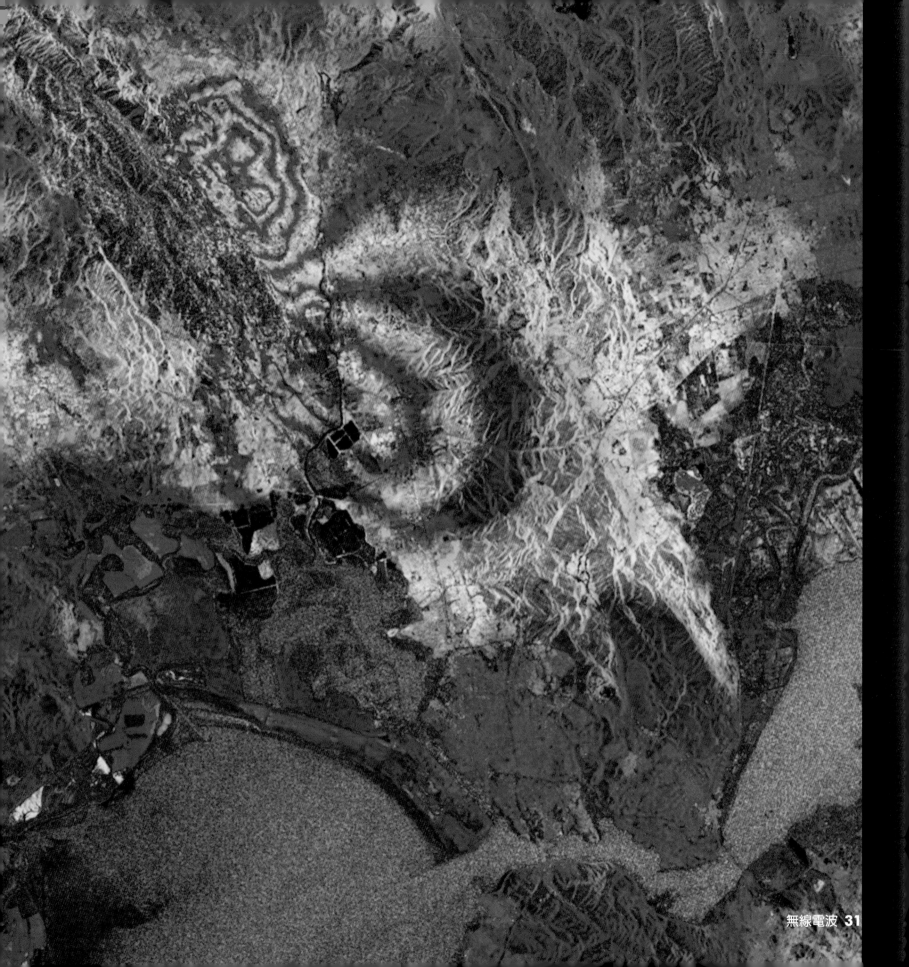

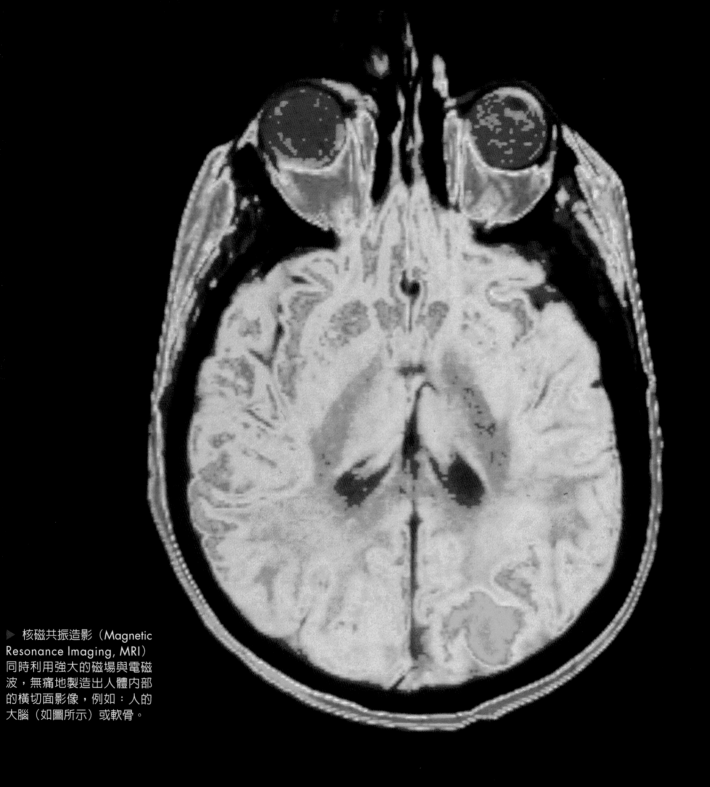

▶ 核磁共振造影（Magnetic Resonance Imaging, MRI）同時利用強大的磁場與電磁波，無痛地製造出人體內部的橫切面影像，例如：人的大腦（如圖所示）或軟骨。

「雷達」（Radar）這個名詞實際上是「無線電偵測與定距」（Radio Detection and Ranging）的縮寫。二次大戰期間，雷達偵測與巡航成為至關重大的技術。經由間歇送出無線電波並測量它們回彈的速度，雷達可提供看不見、遠距（或兩者皆是）的物體位在哪裡的重大訊息。請注意，雷達進行回聲類型的測量時，使用的是無線電波。這樣的測量，也可能會使用聲波，就是所謂的「聲納」（Sonar）。第一個運作的雷達系統，於一九三○年代後期在英國裝設，二十世紀初期，各領域的科學家已經為雷達奠下基礎，包括德國的發明家克利斯汀‧侯斯美爾（Christian Hülsmeyer）、蘇格蘭的物理學家勞勃‧華生瓦特爵士（Sir Robert Watson-Watt），以及在美國海軍研究實驗室（U. S. Naval Research Laboratory）的研究者們。雷達發明以前，飛行員只能在天氣狀況良好和光線足夠清晰的情況下飛行。到二次大戰期間，戰鬥機裝設的早期雷達系統，已能讓飛行員可以在天氣不盡理想且視野不夠清晰的情況下飛行。

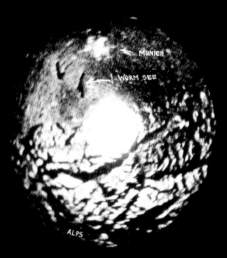

◀ 這是二次大戰期間在德國慕尼黑附近拍攝到的雷達影像，從中可以看見城市與湖，但某些地勢類型（包括山脈）並不容易辨認。使用這種初步的雷達技術，是完全看不到許多像村落之類的結構。

▲ 二十世紀的冷戰期間，美蘇兩邊的科學家都致力於找出怎樣的航空器長相和製成材料，才能在雷達的偵測中隱身飛行。圖中是美國空軍的B-2隱形轟炸機，扁平、尖角的外型能幫助它躲避偵測。請想一想，光是如何從平面的鏡子反射到你的眼中，讓你能看見自己的倒影？若是將鏡子傾斜，你是不是就看不見自己的倒影，而是看到房裡的其他東西。B-2的設計，有助於將反射的無線電光送往雷達難以偵測的角度，像B-2這類的飛行器，還會使用特別能吸收電磁波的材料製成，這樣光就比較不會反射回雷達接收器，也就不會出現在雷達螢幕上。

光的速度

科幻片經常出現能以「曲速」（Wrap Speed）旅行的太空梭，或能穿越蟲洞的人等這類故事情節。編劇創造這些機制來克服眞實宇宙的終極障礙——光的速度。根據我們對物理的了解，現實中，太空中速度最快的是光，所有形式都一樣，從無線電波到伽瑪射線，各類型的光都是以這樣不可思議的速度行進。

光速重要到科學家特別給它一個專屬的稱號：c，或許你在愛因斯坦著名的公式中看過這個熟悉的光速符號：$E = mc^2$（其中的E代表「能量」，m代表「質量」）。光實際上的速限是多少呢？光速被定義爲每秒299,792,458公尺，或大約每秒186,282英里，若將這個數字換成我們比較熟悉的單位，光大約是以10億8千萬公里（6億7千100萬英里）的時速行進。若想感受這樣的速度到底多快，你可以想像只要有一台光速的裝置，僅僅一秒就能夠繞行地球七圈半左右。

光以這樣驚人的爆發性速度前進著——直到它無法爲止。當光離開眞空、進入透明的物質（例如空氣或水）時，速度就會減慢。舉例來說，光在水中的移動速度，只有最高速度的四分之三。當光與物質中的原子和分子碰撞時，可能就會變慢。

思考這點的另一個方法是，想像光是個相當受歡迎的舞者，正要試著穿越擁擠的舞池，即便她試圖穩定移動，但許多同伴可能擋在她行進的路上，一個接一個繞著她團團打轉。因此，她的腳和身體或許以相同的速度移動，但越過舞池的整體進度可能變慢，因爲她遇到的其他舞者會偏移她的方向；相較之下，這名舞者若在較不擁擠的地方前進，就能夠移動更快。在沒有「其他舞者」（或粒子）的情況下（也就是眞空的定義），光可以全速前進。

研究者一直努力想控制光能被減速多少。從一九九○年代起，科學家開始探討光在穿越極爲致密和寒冷的異狀物質時，會發生什麼狀況。科學家使用不同的技術，仍然無法將光速減到慢跑者的速度，但他們實際上已經能讓光完全停止——然後重新啓動。這項研究，或許有天能在發展更有效的資料傳輸方法和開發更省能量的電腦等方面，帶來很大的效益。

◀ 對我們而言，時速161公里（100英里）的車子或許已相當快速，但是跟光能行進的速度相比，就完全算不上快了。這張照片拍攝到夜間行駛在高速公路上的汽車所發出的亮光。結合八張各曝光30秒的照片，讓我們得以看見汽車大燈的光軌。

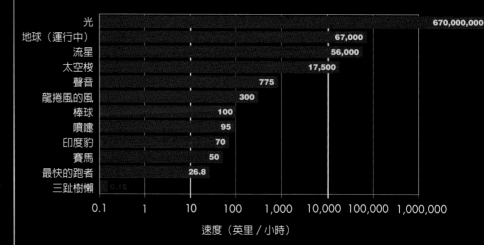

	速度（英里／小時）
光	670,000,000
地球（運行中）	67,000
流星	56,000
太空梭	17,500
聲音	775
龍捲風的風	300
棒球	100
噴嚏	95
印度豹	70
賽馬	50
最快的跑者	26.8
三趾樹懶	0.15

▲ 光速跟我們地球上熟悉的事物相比之下，印度豹（陸上最快的動物）、噴嚏，或投出的棒球當然是遠比不上，就連太空梭這樣的太空飛行器也差得很遠。光的速度無疑是相當出色，秒速可高達186,282英里（請注意，這張表必須用對數單位來標示橫軸，才能把光跟太空梭或印度豹放在同一頁）。

▶ 當光到達介質（例如水）時會發生什麼事呢？它會減慢。而且光變得越慢，折彎就越多：隨著光從空氣移動到水裡，它的速度就會跟著下降。我們從這張照片看到一群色彩豐富的藍線笛鯛（Blueline Snapper），牠們是印度洋裡的原生物種。

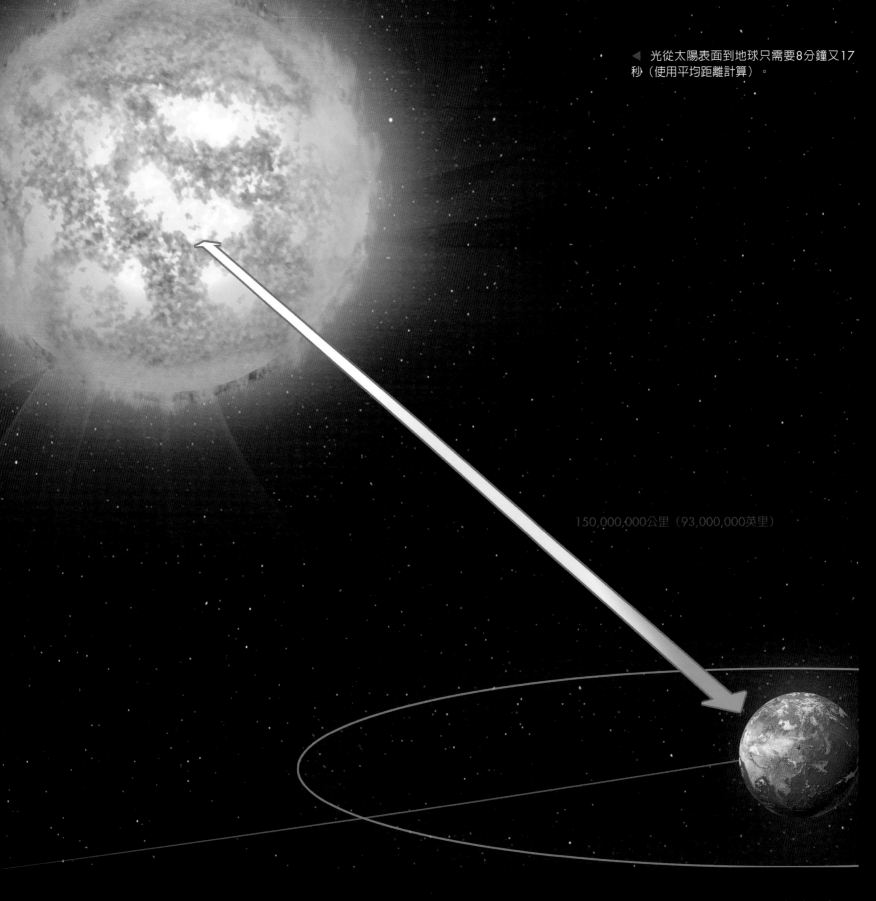

◀ 光從太陽表面到地球只需要8分鐘又17秒（使用平均距離計算）。

150,000,000公里（93,000,000英里）

浩瀚宇宙

天文學家建造特殊的無線電望遠鏡，外型看起來是一個指向太空的巨大天線。由於多數的無線電波都能穿透陽光、水和雲層，因此無線電望遠鏡在任何時刻、任何天氣情況下都可以運作。

　　太空中有許多不同類型的物體和現象都會發出無線電波。巨大的氣體塵埃雲團、星系、恆星、行星、彗星等等，都會發出像無線電波的光。當黑洞以巨大能量噴流的形式將物質向外噴出，而非吸納時，同樣能產生無線電波。科學家與工程師也使用無線電波，跟整隊的望遠鏡和數十年前發射到太空的飛行器進行通訊。

▲ 美國太空總署（NASA）的航海家一號（Voyager 1）與航海家二號（Voyager 2）太空梭是在1977年發射到外太空。現今，航海家一號距離地球超過190億公里遠，成為有史以來離地球最遠的人造物。即使無線電波以光速行進，但從航海家太空梭發出的信號，還是需要18個小時以上才能抵達地球。

▶ 若是沒有了無線電波，就不可能有「深空」的通訊，NASA的「深空網絡」（Deep Space Network, DSN）是人類目前擁有的最敏感的通訊系統。這個網絡是由全球三個不同地區的多個天線站組成，讓地球與多個發射到外太空的飛行器之間能有持續的無線電通訊。為了聽到太空飛行器（像是離地球數百萬英里，且還會航行得更遠的航海家太空梭）發出的信號，天線上裝有放大器（具備精密的冷卻與編碼技術），如此才能區辨這通太空梭的「來電」是來自背景的無線電噪音，或是從像太陽這類的星體發出的其他無線電資料。

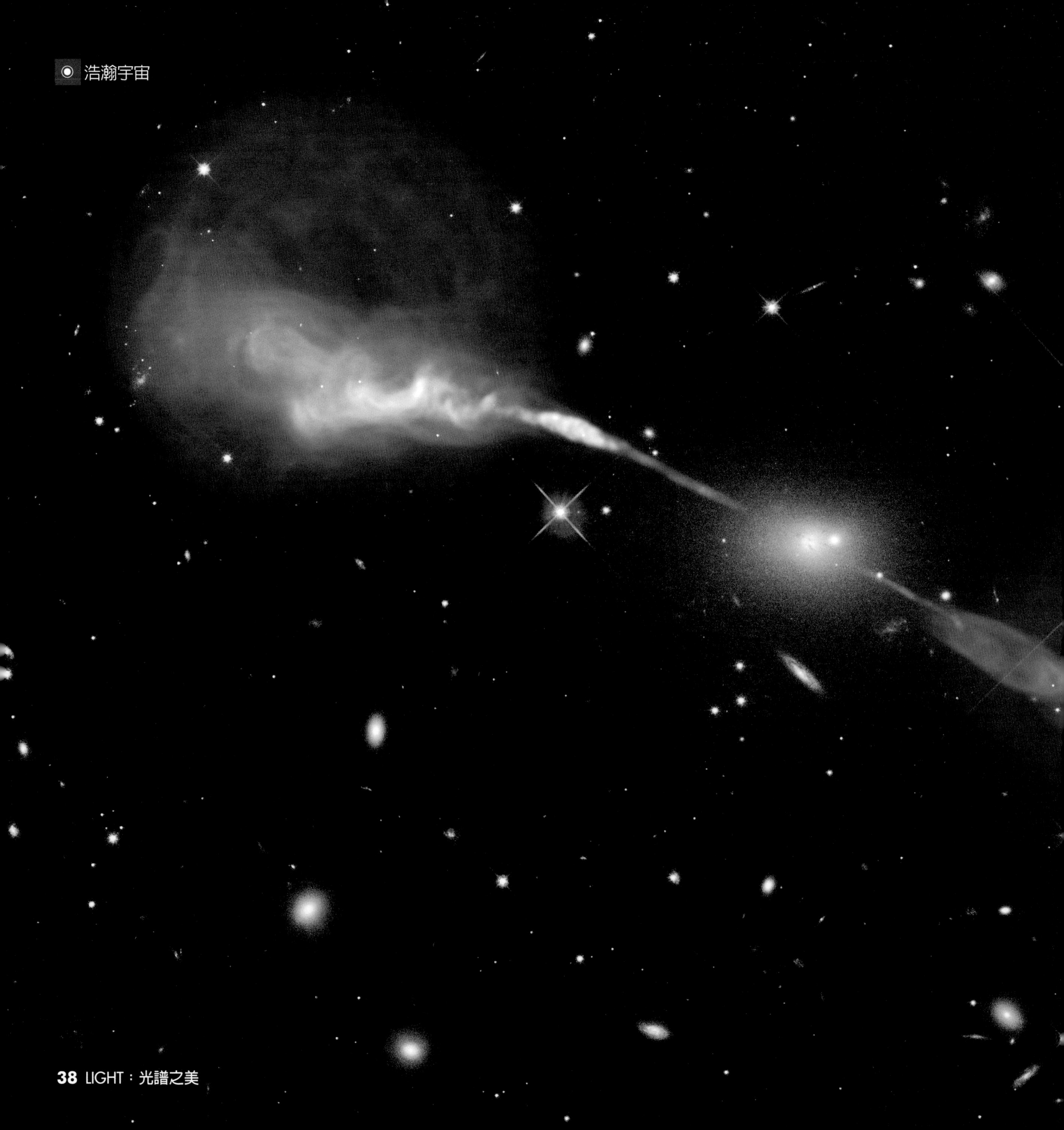

◁ 武仙座A（Hercules A）是個有巨大無線電波噴流（粉紅色）的橢圓星系，噴流大到（約有150萬光年寬）似乎讓影像中央的星系本身（白色和黃色）顯得十分矮小。這些磁場和粒子的噴流，以接近光的速度，如巨浪般從星系中心的超質量黑洞區滾滾向前。噴流尾端蓬鬆的波狀結構，或許是這巨大噴發已發生一段時間的重要線索。

△ 在我們銀河系的中心，有個明亮的無線電光源頭（用藍色繪製，影像中的紫色代表X射線）。利用無線電望遠鏡觀察繞行那個位置的恆星，有助於提供證據，證明我們的星系中央有個質量約為太陽的400萬倍的黑洞。

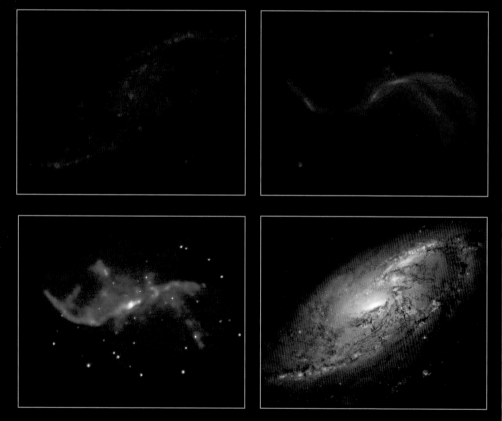

▲ 許多星系都有個特徵──發出無線電波,包括NGC 4258,它是跟銀河系很像的螺旋星系,但距離我們有2,300萬光年之遙。然而,具有兩條貫穿銀河平面(Galactic Plane,或稱「銀道面」)的不規則手臂的NGC 4258,除了發出無線電光(紫色),也發出X射線(藍色)與可見光(白色)。另外一張影像呈現的是勾勒星系塵埃帶的紅外線光。

微波

微波在應用裝置上絕對相當出名，許多人（至少在西方國家）可能都是用它來加熱食物。然而，這段光譜帶來的應用並不僅止於微波爐，我們在日常生活中其實處處可以發現。

點亮一切

無線電　微波　紅外線　可見光　紫外線　X射線　伽瑪射線

波長（cm）：10到0.01
波長範圍大小：人類到蝴蝶
頻率（Hz）：3×10^9 到 3×10^{12}
能量（eV）：10^{-5} 到 0.01
到達地球表面：有（某些）
科學儀器：微波爐、電子測距儀（Electronic Distance Measuring, EDM）、遠距感測器、地球監測衛星

微波的亮點：

◉ 波長只比無線電波稍短一些；有些使用微波的技術，部分是與無線電波的技術重疊。
◉ 特定溫度的物體（包括太空中的許多物體）會自然地發射微波。
◉ 某些微波光譜帶會與分子（如水和氧）產生強烈的交互作用。

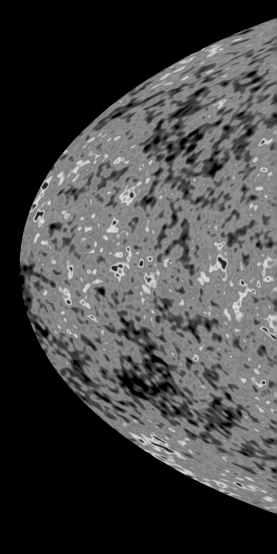

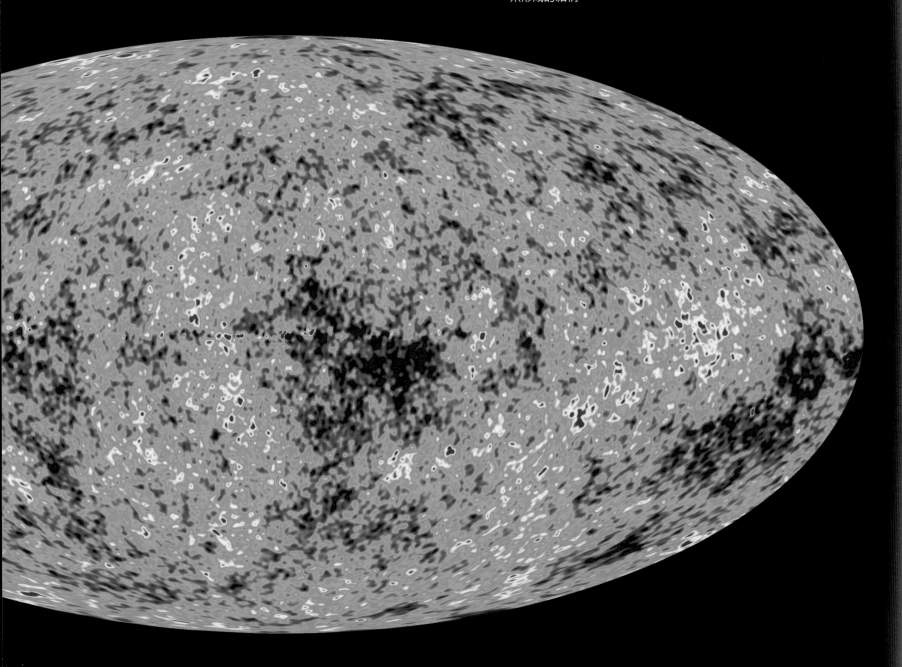

▼ 宇宙微波背景（Cosmic microwave Background, CMB）是大爆炸（Big Bang）的殘骸，科學家認為大爆炸是創造宇宙的事件。這張CMB的影像讓我們看到投射成平面的整個天空，不同的顏色代表些微的溫度差異。這個訊息，被認為是代表在相當早期的宇宙中促使星系形成的結構。

◀ 聲音、影像和其他訊息都可以使用微波，在遠距的電視團隊和所屬的電視台之間傳送。

光裡的一天

如果你曾在一大早忙亂不堪，或許你能仰賴的只有把即溶咖啡倒入用微波加熱的水，在你等待微波爐加熱完成發出「叮」的一聲前，或許同時還開著電視，才不會錯過今天的氣象預報。微波的用處，不僅止於監測暴風雨來得到降雨量和風速，也能用來將這些訊息從現場的氣象報告員傳回電視台。

微波中的「微」，意指相較於無線電波，它算是相當的小。事實上，科學家會將它跟無線電波區分，是因為觸及兩者所需的技術十分不同。或者反過來說，微波能做的事，跟長波長的無線電波非常不同。無線電波的一個波峰到另個波峰可能跨越數百公尺，而微波的波長最長可到1公尺，最短則只有1公釐。

由於微波的波長較短，因而比無線電波更容易聚焦成窄窄的光束，所以它們在「點對點」的電訊上特別有用。換句話說，微波很擅長傳送電話，但對於大範圍發送通用廣播（例如你想看的電視節目）就不是那麼拿手。事實上，在使用光纖電纜以前，多數的長途電話都是經由微波中繼站，將電話從一站「跳往」下一站傳送。

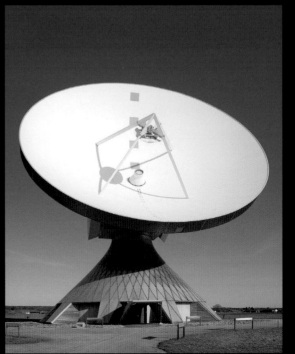

◀ 利用拋物面天線，可將微波變成狹窄的光束，進行點對點的電訊。這類型的裝置，像是照片中位於德國巴伐利亞（Bavaria）的電訊碟型天線，為了指引波的方向而具備曲形的表面。

現代通訊

微波不會像撥號電話一樣變成昨日黃花。相反的，它們對於最新的通訊和資料驅動技術相當重要。舉例來說，讓網際網路進入有限區域（例如家庭或辦公室）的無線區域網路（Local Area Network, LAN），通常就是使用微波來傳送資料。藍芽技術也是使用微波，此外，歐洲有些行動電話是利用能量較低的微波發送。有些GPS載具，除了使用無線電波的頻率，也會用到微波，因此你的手機可藉由微波將你所處的位置訊息傳送給你。

誠如我們先前所提，微波不太能將電視節目送往大範圍的收視戶，但它們對於遠距的電視團隊將信號送回電視台相當有用。如果你曾看過電視台外景用的廂型車，大概會注意到車上可伸長的竿子上有個大大的碟型天線，高舉在空中。這個碟型天線會將車裡的團隊捕捉到的鏡頭，透過微波傳送回新聞台。

由於微波會跟水分子和氧分子產生交互作用（參見第52頁關於微波爐的說明），所以某些波長會被地球的大氣層完全吸收。然而，微波光還有其他波長（最接近無線電光譜帶的那些）可以穿越大氣層。這就是為什麼衛星電視公司能利用這些微波，將你喜愛的節目從地球的上空傳送到你家的電視。

能夠穿透大氣層的這些微波，同樣也擅長於穿透薄霧、小雨、雪和雲等等，因此科學家會利用太空中的微波衛星，研究天氣和地球的其他狀態，像是土壤的水分含量。無線電波會強烈干涉地球大氣各層的某些原子和分子；而其他類型的光，例如我們之後會看到的X射線與伽瑪射線，則是全都會被大氣層吸收，一點都無法通過。因此，微波的大小，剛好能為研究這些問題的科學家提供這類的訊息。

詹姆斯・克拉克・馬克士威爾

1831年出生的詹姆斯・克拉克・馬克士威爾（James Clerk Maxwell）是蘇格蘭的物理學家，於1879年逝世。我們今日擁有的許多技術，都是來自他對光的理解以及他的電磁理論。馬克士威爾關於電、磁間關聯的研究，並不是他人想法的綜合，而是根本上的轉變，在他之後，科學家才開始認為電和磁是不同的實體。馬克士威爾透過一系列電磁實際有關的方程式，開啟了理解電磁輻射（或光）如何作用的大門。許多科學家（包括愛因斯坦）認為，馬克士威爾和他的方程式，為物理學和相關領域在二十世紀出現的各種現代成就——從收音機和電視機到電子學和電學奠定了基礎。

◀ 若要監測我們這顆動態星球上的天氣型態，必須仰仗一大群繞行地球的人造衛星。這張照片呈現的是在夜間發射的一個天氣和氣候天文台——國家繞極軌道操作環境衛星系統預備計畫（National Polar-orbiting Operational Environmental Satellite System Preparatory Project, NPP），它能改進短期的氣象預報和長期的地球氣候研究。

▶ 右圖是使用微波監測地震活動的雷達影像，地點在厄瓜多（Ecuador）的安第斯火山帶（Andean Volcanic Belt）區域。比較穩定的陸地是灰色的區域，地層運動活躍的區域則有鮮明的色彩。下圖的微波影像顯示非洲西南部的波札那（Botswana）和納米比亞（Namibia）的各種河流、沼澤、三角洲（中央分叉的黃色區域）、小島（三角洲裡的紫色小區域），以及國家公園（影像上方的三角形區）。

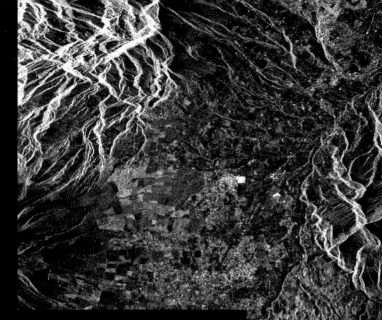

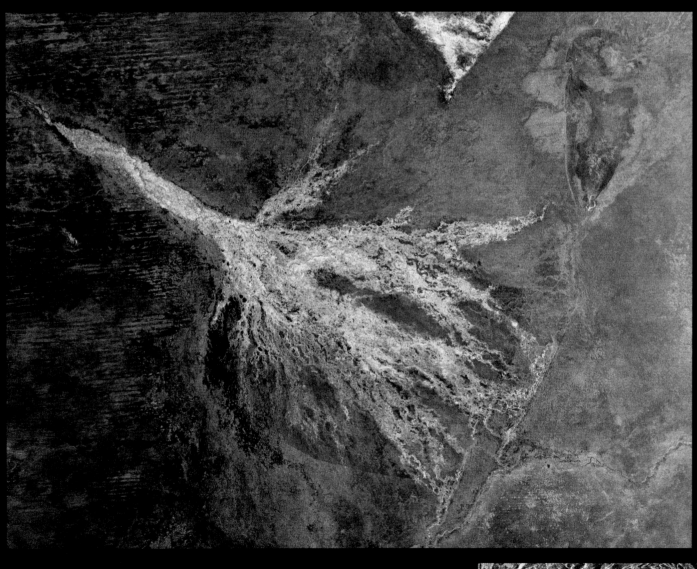

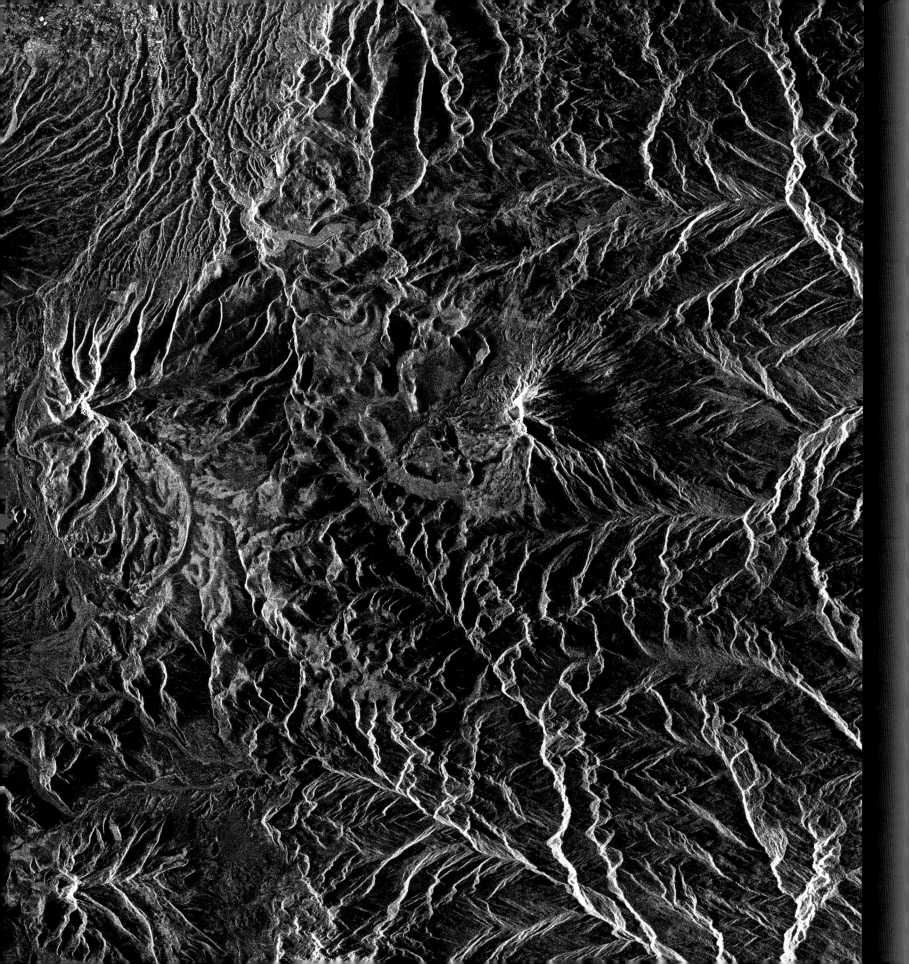

測到東西

微波對於遙測（Remote Sensing）的領域極其重要，這個領域可分為兩大類別：主動式遙測與被動式遙測。「主動式遙測」需要一個送出微波光脈衝的儀器，然後偵測反射回來的能量。只要光的波長跟物體的原子組成不相配，任何光都可以從那個物體反射或回彈，而微波就是其中之一，科學家與工程師就是利用這點發展主動式遙測的領域。我們許多人大概都是從都卜勒雷達（Doppler radar）的氣象報告熟悉這個概念，都卜勒雷達設備傳送出微波脈衝，然後根據脈衝如何反射回來，判定物體往哪兒、移動得多快。就氣象觀測來說，都卜勒雷達可以讓氣象學家知道降水（雨或雪）的速度和方向。

「被動式遙測」完全是另一回事。它觀測颶風發出的光，而不是「砰！」也撞向旋轉的颶風。地球表面有許多物體會發出微波，科學家能利用什麼會發出微波、什麼不會，對我們的星球有更多了解。舉例來說，雲不會發出太多的微波輻射，但是海冰會，科學家可利用微波的被動式遙測，觀察地球的海冰程度隨時間有多少改變。利用位在高海拔的儀器偵測微波，科學家也能收到暴風雲底下的資料，揭開潛在的雨雲結構，讓地面上的人得到更多訊息。

龍捲風研究者和追逐暴風的人或許都過著戰戰兢兢的生活，但他們的研究，對於了解劇烈暴風如何以及為何發展，扮演著至關重大的角色。研究者使用特殊的行動設備，如照片中的可攜式氣象雷達——「車載式都卜勒雷達」（Doppler on Wheels, DOW），利用微波來協助收集暴風附近的資料。這張照片是2010年在美國內布拉斯加州（Nebraska）拍攝，其中的研究者正在可能產生龍捲風的超級單體雷暴（Supercell Thunderstorm）附近進行這類研究。

▲ 使用較短微波（波長只有幾公分或幾英寸長）的都卜勒雷達可用於氣象預報，因為風的速度和方向對氣象預報都相當重要（相對於一般雷達，不需要風的測量）。美國聯邦機構國家海洋及大氣總署（National Oceanic and Atmospheric Administration, NOAA）的其中一項工作，提供了全國性的氣象監測。這張NOAA都卜勒雷達影像，呈現的是2004年九月的「弗朗西絲颶風」（Hurricane Frances），從颶風眼可見它正朝著佛羅里達州（Florida）前進。

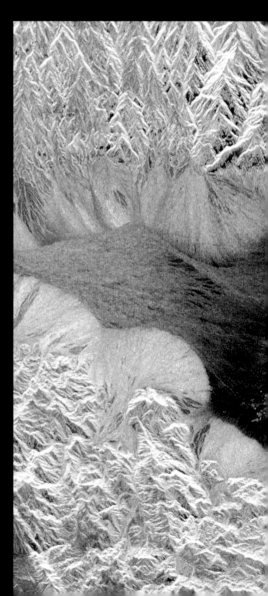

▶ 這張北極圈的影像是利用微波資料製成，呈現北極的海冰量在2014年三月的最大覆蓋面積。大小約為540萬平方英里（1,400萬平方公里），是從一九七〇年代開始記錄以來，史上第五小的海冰最大值。

▼ 無論陽光或天氣的情況為何，雷達影像都能幫助我們進行清楚的觀察。這張微波雷達影像呈現的是美國加州死谷（Death Valley）的表面。你可以比較死谷中較亮（崎嶇）的山脈和較暗（平緩）的盆地。這類型的訊息，能幫助研究者了解各區域隨時間因氣候改變和地震活動而產生的變化。

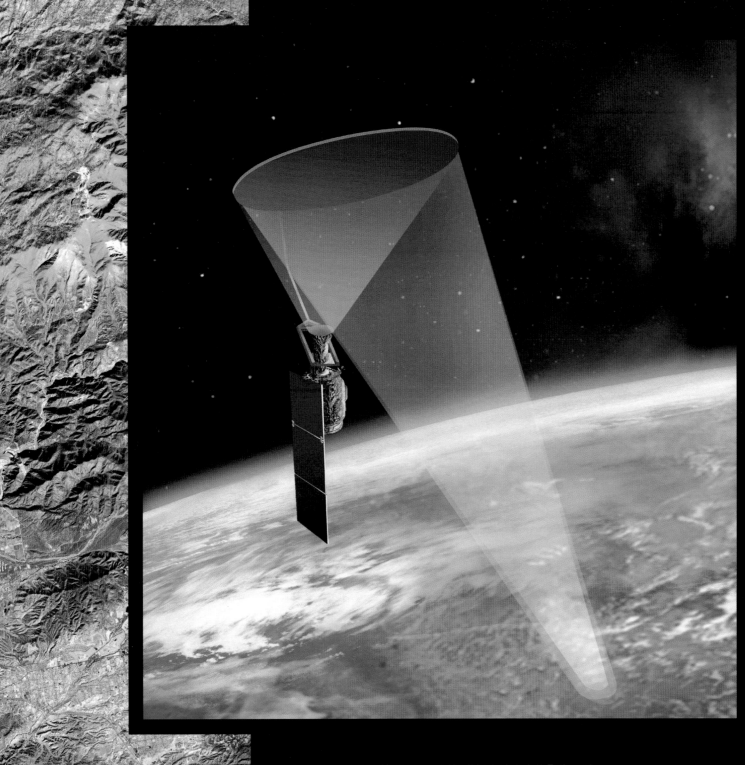

◀ 這張畫家圖解呈現的是資料收集中的土壤水分主被動探測（Soil Moisture Active Passive, SMAP）衛星。2015年發射的SMAP，目的是研究地球上從到乾旱到凍土的土壤水分。藉由SMAP的主動感測儀器，雷達往地球送出一個信號，然後將傳回或散射回的信號加以量化。SMAP的第二個儀器是被動感應器，僅用於記錄地球發送的自然微波。

◀ 遙測對於森林管理特別有用，例如獲得森林大火的影像，誠如圖中來自2003年美國南加州聖博納迪諾山脈（San Bernardino Mountains）的火災資料。然而，除了微波，遙測還可以使用許多種光，如這張火災影像所使用的是紅外線和可見光的訊息。影像中的熱量顏色，提供的訊息比自然顏色的影像更多：靠近上方的深紅色條紋，描繪的是繼續燃燒的火，而更暗紅的區域代表火燒的痕跡。

對人類的影響

微波對人類的傷害又是什麼？畢竟，我們許多人的廚房都有一台會產生微波的機器。二次大戰期間，有些曾在雷達裝置（此裝置使用微波）附近工作的軍人，自述會聽到「卡嗒卡嗒」和「嗡嗡」的聲音。幾年過後，研究者推斷大概是內耳的軟組織膨脹的結果。科學家認為，這樣的情況，是因為內耳的軟組織在遇到大量微波時（就像二次大戰期間雷達工作者所接觸的程度），可能會製造出聲波。一九六〇年代初期，有位名叫佛雷（Frey）的科學家針對這個議題進行大量研究，時至今日，這個現象被稱作「微波聽覺效應」（Microwave Auditory Effect），或是佛雷效應（Frey Effect）。

研究者也在實驗室的測試中，證明大量的微波可能導致白內障，因為微波會加熱水晶體的某些蛋白質。你可以想像，蛋白在爐子上加熱時，會從幾乎透明的狀態變成渾濁。由於角膜裡的晶體沒有血管，所以缺乏散熱機制，因而特別容易受到這個效應的衝擊。幸運的是，我們在生活中接觸到的微波總量（就算在微波爐旁），也遠遠不及產生這個效應的程度。

微波也會影響人類理解我們在宇宙何處的方式。目前偵測得到的最古老的光（大爆炸的餘光），就是屬於微波的形式。發現這些微波（稱為宇宙微波背景，Cosmic Microwave Background）以及判定它們代表的意義，已讓人類得知有關於整個宇宙的年齡和組成。你可以在第62頁看到宇宙微波背景的影像。

▲ 眼睛很容易受到微波輻射傷害，因「過熱」而導致白內障。這張照片裡的黑貓眼睛有白內障，也就是水晶體逐漸變得混濁，使得視力模糊。

微波爐

微波爐背後的技術被稱為磁控管，是一種導電的真空管，能產生高頻的無線電波。1945年，美國雷神公司（Raytheon）有位名叫培西·史賓賽（Percy Spencer）的工程師停在磁控管前研究雷達。當時他注意到，自己口袋裡的巧克力棒快速融化，好奇的史賓賽於是將爆米花的玉米粒和生雞蛋放在磁控管前，接著就看到它們很快地被煮熟。然而，直到一九七〇年代，生產磁控管的費用才便宜到足以讓微波爐變成量產。

微波爐是使用特定波長的光來攪動水分子，隨著水分子跳動得越來越厲害，會出現原子層級的振動並加熱周遭的食物。被加熱的食物全都同時出現這個過程，不像傳統的烤箱，需要讓熱從食物的外層進到內部，這就是為什麼一般而言，微波爐烹調或加熱食物的時間非常短。

▲ 中空磁控管的橫切面。

▼ 對流加熱

熱是由分子從外向內一個一個轉移

▼ 微波加熱

水分子

▲ 微波爐可以很有效地加熱食物，因為多數食物都內含水分。但除非是坐在微波爐裡（我們當然不建議這麼做）或能量束的前方，否則我們不會感受到來自微波的熱。

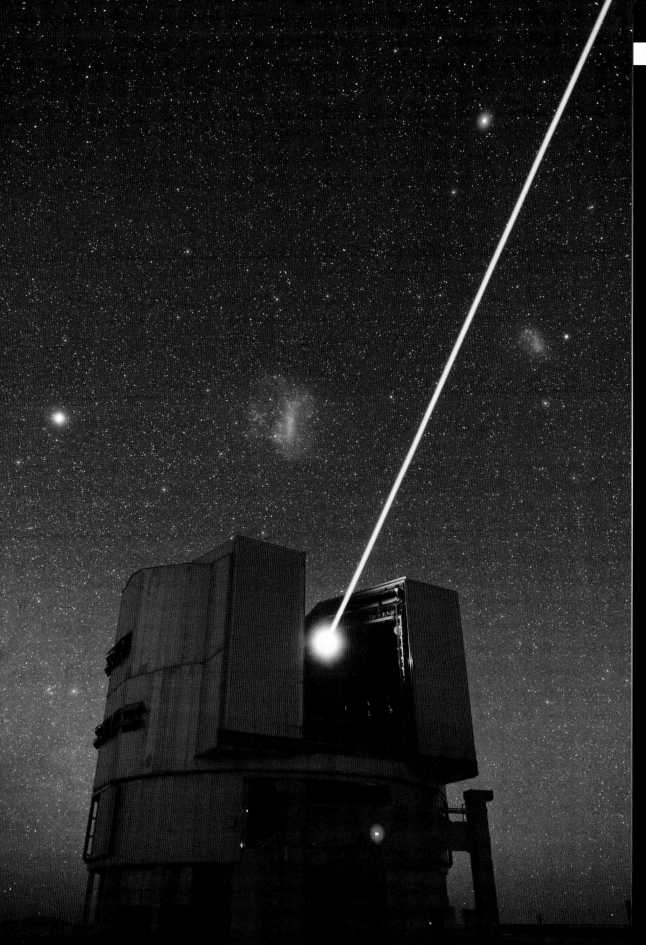

雖然雷射（Laser）在我們的社會相當有名而且處處都用得到（從掃描條碼到進行手術），但實際上它們是某個不太出名的裝置──邁射（Maser，或稱「微射」）的後代。邁射是「受激輻射式微波放大器」（Microwave Amplification by Stimulated Emission of Radiation）的縮寫。「雷射」（Laser）這個名詞代表的意義差不多，只是把Microwave（微波）的 M 換成 Light（光）的 L。

邁射和雷射本質上做的是同一件事：產生並放大光。當一個原子得到能量時，它的電子會跳往更高的運行軌道，最終，電子會退回原始的狀態。電子在退回時，釋放出一整波包，也就是光子，然後雷射或邁射將重新發出的光導向特定的波長，因此信息就被放大。微波雷射（或稱邁射），是在一九五〇年代先發展出來的。之後發現可見光的應用更廣，所以將縮寫中的 M 用 L 取代，成為現在的常見名詞。

◀ 雷射控制獲得能量的原子如何釋放光子（或一整波包）。天文物理學家將雷射光束射向天空，以此測量，然後抵銷地球的大氣層造成的模糊效應，這項稱為「適應光學」的技術，讓科學家能夠捕捉遙遠天體的清晰影像。

漏出的光

儘管人工製造各類型照明的能力，已經為人類帶來許多利益，但也有負面的後果。舉例來說，請看看我們在這幾百年間對夜空做了些什麼，前幾代的人在清朗的夜晚出門，抬頭就能看見無以計數的星星與銀河魅影──端看他們住在哪裡而定。

今日，我們多數人都沒有那麼幸運。當我們從太空看向正經歷夜晚的那半邊地球時，我們就可以了解原因何在，原本該昏暗的這個半球，卻有著數百萬或上億的光從城市、近郊而來，甚至連鄉間地區都越來越多。

「光害」這個名詞，指的是浪費或過度的光，擾亂了生態系統，打斷我們與夜空之間的連結。世界各地有許多人正努力在推動跟光害有關的議題，包括改善照明的效率，盡可能為現在和未來世代保持天空的黑暗。

然而，可見光並不是人類一直以來發送到太空的唯一一種光，任何在地球上產生的電磁波，一旦穿過地球的大氣層，就開啟了它們穿越太空的旅程。由於太空實際上幾乎是真空，所以這些漏出的光，在被吸收或反射以前會持續前進。請根據我們最早的電視和無線電廣播來想想這點，這些節目從百年前剛開始播出，就一直在整個宇宙中旅行。因為無線電波是以光速行進，所以表示我們人類觸及的範圍，大約是地球外圍的一顆一百光年的大泡泡。換算後大約是600兆英里，也就是我們最早的信號，只抵達太陽系以外的少數已知行星。

▲ 全球還有許多地方能不受阻礙的觀看夜空。然而，在某些城市、郊區，甚至是鄉間地區，人工照明和工業發展掩蓋了來自遠方宇宙物體的光。這種情況可能對野生物種有害，像是夜間飛行的鳥以及受地平線的明亮光源吸引的小海龜，甚至有可能擾亂野生動植物和人類的自然生理時鐘。

▶ 城市能以許多不同的方式產生光，從街燈發出的光芒到汽車亮晃晃的大燈，再到建築物上的霓虹招牌。光以許多方式定義我們的現代城市，誠如這張美國猶他州鹽湖城（Salt Lake City）的照片所示，這是國際太空站（International Space Station, ISS）的太空人拍攝的照片。更聰明、更有效率的替代照明，整體上能幫助降低光害。

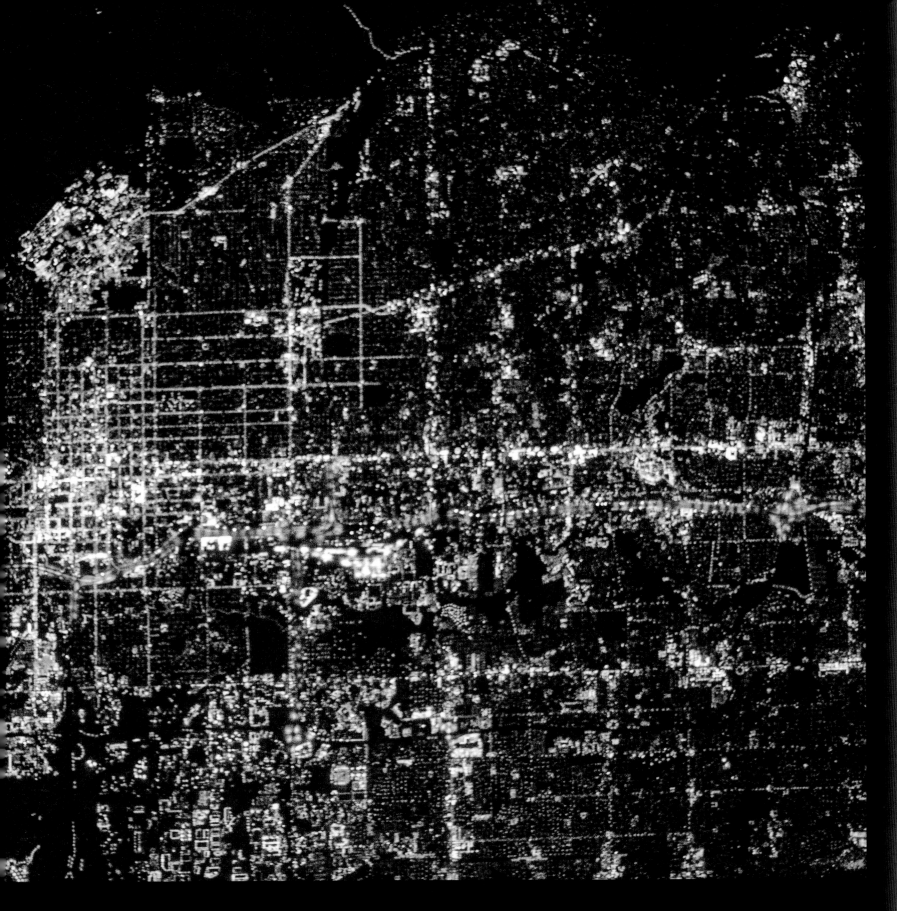

浩瀚宇宙

科學家使用微波處理現代天文學的一些重要問題，因爲太空中的許多物體（包括太陽）會放射微波形式的光。儘管先前提到的宇宙微波背景無疑是天文學中最著名的微波結果，但它絕對不是唯一。天文學家持續建造更大、更好的設備，希望能偵測來自太空的微波光，像是在智利（Chile）、美國夏威夷（Hawaii）、亞利桑納州（Arizona）等地個別與成群相連的望遠鏡。特別設計來偵測微波的太空望遠鏡，已幫助天文學家勘測到銀河裡神秘的「星系迷霧」，並追蹤一氧化碳，由此揭示整個太空中冷氣體雲團的存在。

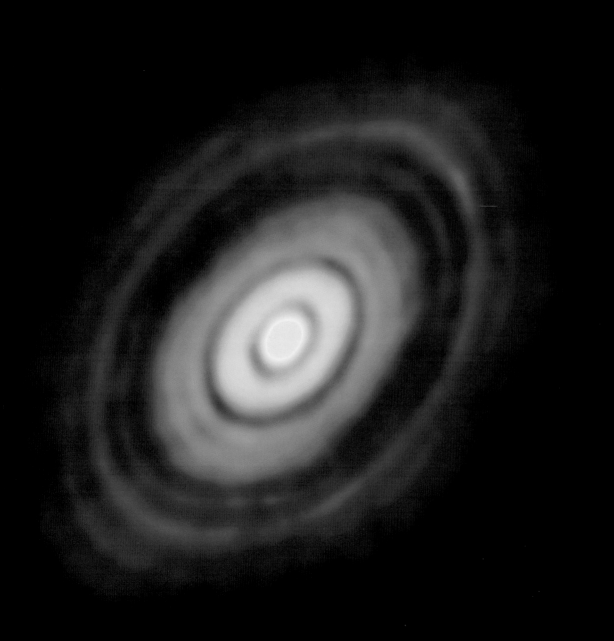

◀ 像我們這樣的太陽系在形成的過程中看起來會像什麼樣子？這張出自「阿塔卡瑪大型毫米及次毫米波陣列」（Atacama Large Millimeter/Submillimeter Array）的壯麗影像，讓我們看到恆星（僅有一百萬歲的年輕恆星）的細部描繪以及周圍的原行星盤。這個被稱為HL Tau的系統，跟地球的距離大約是450光年。雖然這顆年輕的恆星比我們的太陽還小，但系統的星盤，比太陽和地球之間的距離大上90倍。

▶ 金星（Venus）的大氣層永遠都存在像這樣厚實的雲層，因此我們需要雷達來研究它的表面。出自NASA的這張微波影像使用的顏色，是從實際降落在金星表面的俄國太空梭傳送的資料改編而成。這些登陸儀器（大約有八個），只能傳回簡短的金星地勢資料，就因承受不住金星的高壓和酷熱而毀壞。

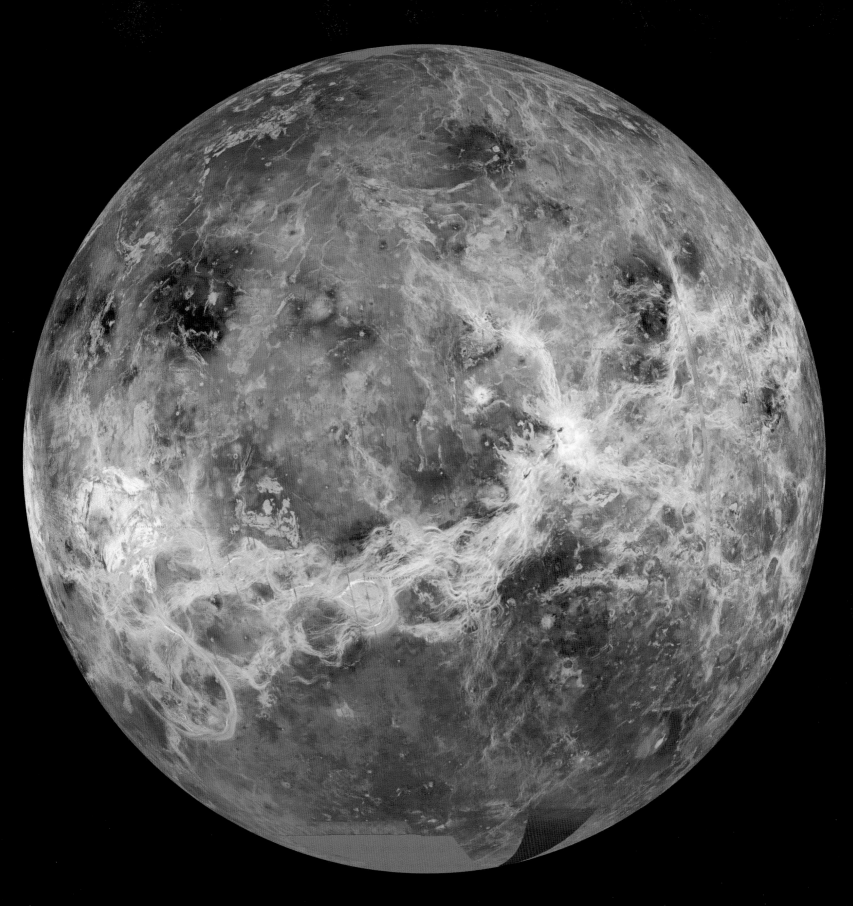

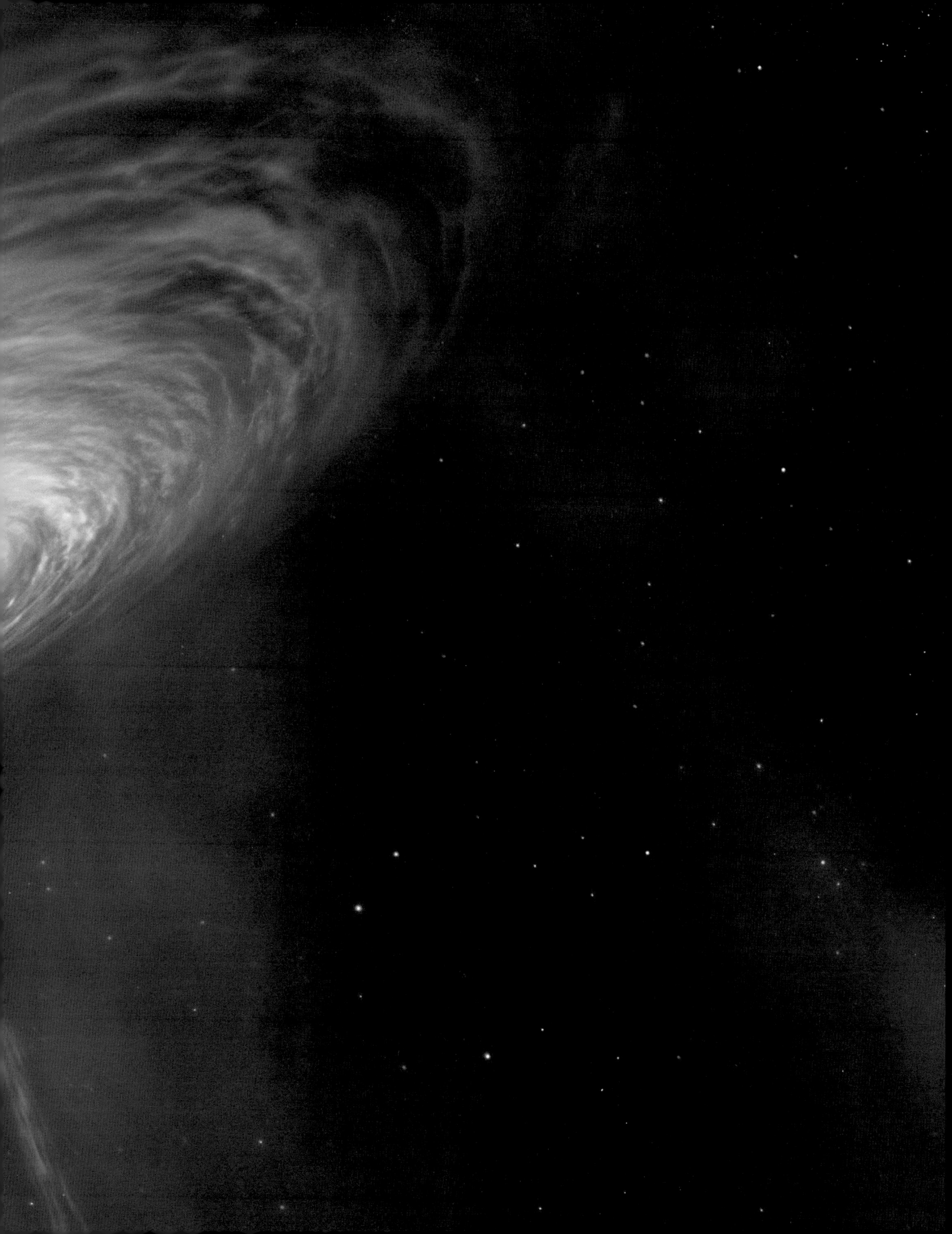

這幅示意圖，描繪的是位在星系中央的怪物級超大質量黑洞。有時，這些黑洞會向外噴出高速的巨大物質噴流，就像圖中黑洞中央的上下方那道細細的光束。天文學家能利用偵測微波的望遠鏡，追蹤黑洞周圍以及噴流中的物質。

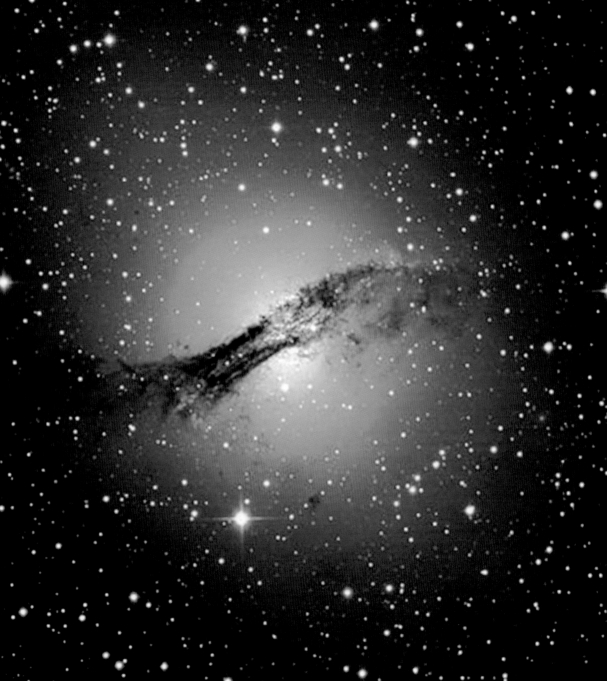

結合微波資料（橘色）和X射線資料（藍色）以及可見光的資料，我們能得到這個星系實際上是什麼樣的更完整圖片。在可見光下（圖左），半人馬座A星系（Centaurus A）看起來像是典型的橢圓星系（因其形狀而如此稱呼），有橫越中間的塵埃帶。然而在微波光下（圖右，同時呈現可見光與X射線資料），我們可以看見噴流和雲球（Blob）如何從星系中央的超大質量黑洞向外遠遠延伸。這樣的訊息，能讓天文學家知道黑洞如何與它們所屬的星系交互作用。

▼ 從一九六〇年代首度發現開始，多年來一直有許多實驗在觀察宇宙微波背景──大爆炸遺留下的輻射。在歐洲太空總署（European Space Agency, ESA）的普朗克天文台收集的這份資料中，紅色與黃色描繪的就是宇宙微波背景。藍色與紫色呈現的是前方銀河系的塵埃氣體混合物（圖右）。圖左是用藝術手法呈現歐洲太空總署的普朗克天文台（背景是我們的地球），它在2009年夏季發射，大約一年過後完成第一次的全天調查。

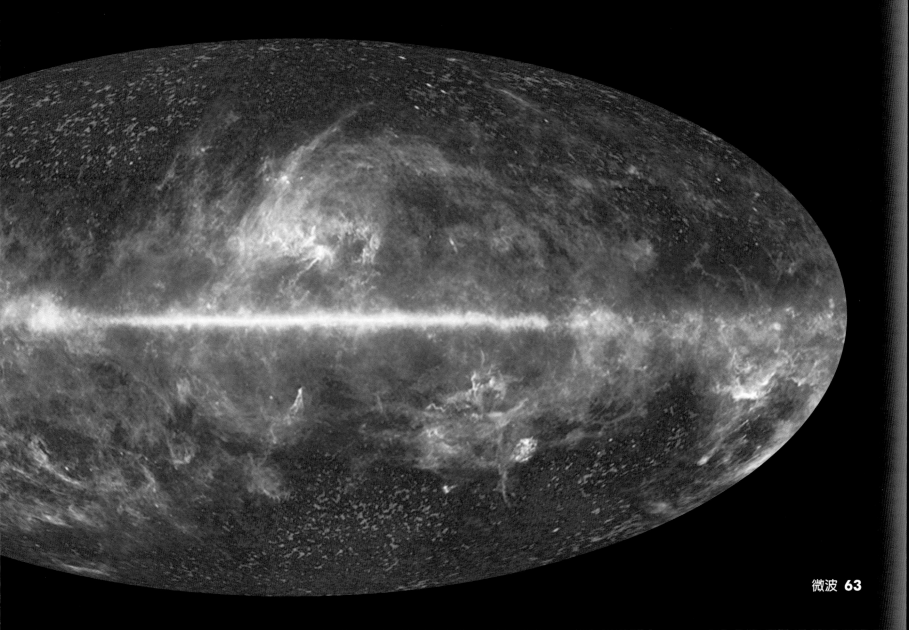

紅外線

紅外線光就是在可見光譜的紅色之外的光。我們最常把紅外線跟熱聯想在一起，因為我們從火、陽光、暖氣、爐子等都感受到熱。然而，這只代表了紅外線光與我們生活接觸的一小部分。

點亮一切

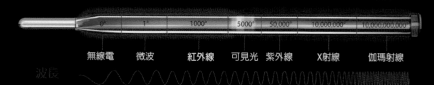

溫度

| 0° | 1° | 1000° | 5000° | 50,000° | 10,000,000° | 10,000,000,000° |

無線電　微波　　紅外線　可見光　紫外線　　X射線　　　伽瑪射線

波長

公分　　　　　微米　　　　　　　　奈米

波長（cm）：0.01到7 × 10^{-5}
波長範圍大小：針頭到顯微細胞
頻率（Hz）：3 × 10^{12}到4.3 × 10^{14}
能量（eV）：0.01到2
到達地球表面：多數沒有
科學儀器：紅外線分光鏡、地球成像衛星、顯微鏡、醫學成
　　　　　像、通訊

紅外線的亮點：
◉ 人類眼睛可見範圍以外最先被發現的光，正好在紅色之外。
◉ 跨越許多波長，通常被分為幾個子類別。
◉ 紅外線光的有些波長會傳熱，但其他波長不會。

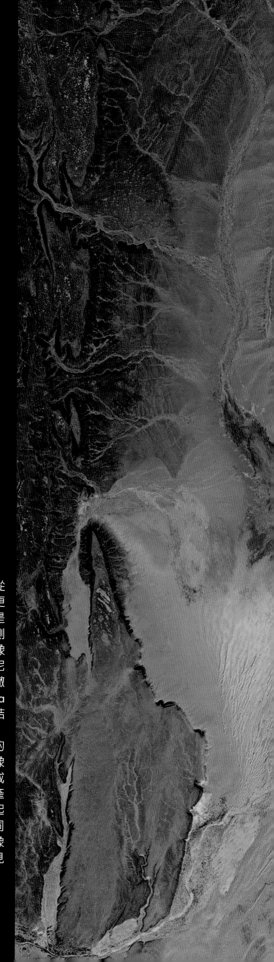

▶ 有些地面結構從上方比較容易獲得更完整的照片，特別是在人造衛星可以偵測紅外線光時，就像這張非洲茅利塔尼亞（Mauritania）撒哈拉沙漠（Sahara Desert）的環形結構。地質學家認為，直徑約為25英里的撒哈拉沙漠，並不像先前以為是隕石造成的，而是由熔岩產生，經過長時間隆起和侵蝕，逐漸形成同心圓的環。這張影像結合了紅外線與可見光的資料。

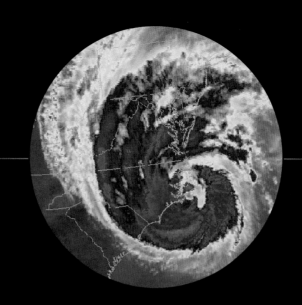

光裡的一天

雖然氣象追蹤這門科學尚未臻至完善，但從過去必須把頭伸出門外、看看有沒有下雨或冷不冷的那一天起，至今確實已有了相當大的進展。紅外線光就跟氣象追蹤有重大關係，偵測紅外線光的人造衛星可以監測雲的形成與模式，為氣象學家提供預報天氣的重要工具。

威廉‧赫歇爾（William Herschel）在十九世紀初期進行實驗時，大概很難想像自己的發現能發展到什麼程度。藉由揭示人類眼睛可見的紅色之外還有看不見的光，赫歇爾證明了不可見光的世界存在。他把自己在彩虹的紅色之外發現的光，稱做為「紅外線」（Infrared）。

雖然我們常把陽光跟照亮地球聯想在一起，但太陽發出的光，實際上有一半以上是紅外線。如果你想想在同樣的陽光下我們也覺得熱（事實上就是因為太陽所傳送的紅外線光），就不會那麼驚訝了。

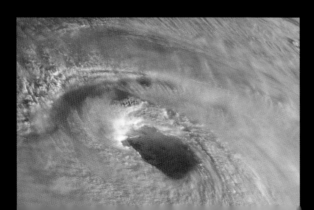

◀ 紅外線光能幫助我們揭開原本看不到的雲層結構細節，誠如本頁上方這張伊莎貝爾颶風（Hurricane Isabel）的紅外線影像。作為比較，左圖為國際太空站（ISS）的太空人在2003年9月15日經過颶風眼的上方時，用可見光拍攝的同一個颶風。颶風結構的細節，能幫助氣象學家判定暴風究竟有多強烈，以及可能會走的路徑。

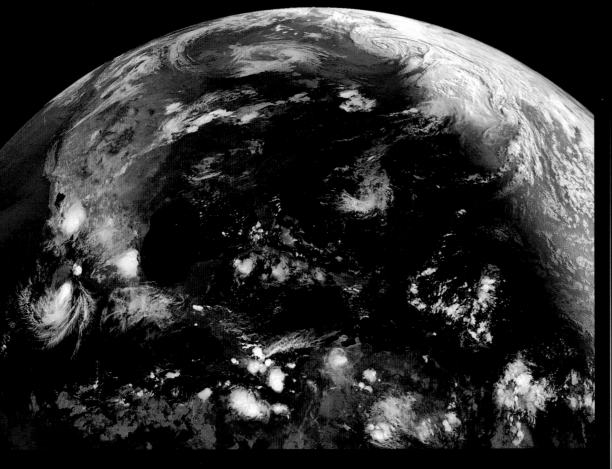

▲ 追蹤颶風的歷史雖短，但已有很大的進展。一系列名為「同步操作環境衛星」（Geostationary Operational Environmental Satellites, GOES）的監測地球衛星，位處地球上方的固定位置，能持續觀察颶風形成的重要區域。這些人造衛星具有可偵測紅外線光的儀器，還有其他的儀器能追蹤暴風轉向哪個路徑、暴風的風速，以及它們的移動速度。這張影像呈現的是在2011年7月22日同時形成的四個主要暴風。

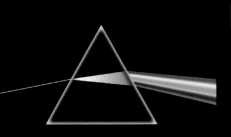

▲ 陽光通過三稜鏡時會被分散，也就是散開成它的組成顏色。十九世紀初期，威廉·赫歇爾發現光不只有眼睛可見的彩虹顏色。人類的眼睛看不見紅外線光，但可以使用紅外線偵測器與紅外線照相機，將紅外線光轉換成我們看得見的影像。

▲ 人類會很自然地將陽光與可見光聯想在一起，但我們的太陽其實也很積極地發出其他類型的光，其中有半數以上是紅外線光。在這張影像中，我們能看見離我們最近的恆星——太陽的美麗身影，它為地球上的我們提供許多形式的光。從地球上的各個最佳地點可以看到落日呈現的不同顏色，甚至連形狀都可能看起來稍有不同（參見第四章關於散射和透鏡作用的詳細內容）。

威廉·赫歇爾

德裔的英國天文學家暨作曲家威廉·赫歇爾生於1738年，在1822年逝世。他的妹妹卡羅琳·赫歇爾（Caroline Herschel）也是位天文學家，而且是首位因科學研究而獲受薪聘用的女性。

威廉·赫歇爾在1800年那時，既是作出交響樂的成功音樂家，也是發現天文星（Uranus）的知名天文學家。不過，赫歇爾在這新世紀剛開始所進行的簡單實驗，讓他更加地大放光彩。

赫歇爾的興趣在於研究彩虹的各個顏色會釋放多少熱。為了探究這點，他在陽光前放置一個三稜鏡。三稜鏡將光分散成彩虹的顏色，然後赫歇爾用溫度計測量各種顏色的溫度。他發現，溫度從光譜中的紫色往紅色部分逐漸升高。然而，他的重大發現是他意識到，在彩虹的紅色之外的黑暗地帶，溫度仍繼續*上升*。

產生熱

不只有人類會因為太陽的紅外線光而感到熱，整個地球都是如此。地球留住多少這樣的光、有多少散逸回太空，是地球表現出什麼氣候的重要因素。留在地球大氣層內的紅外線光越多，我們的星球就變得越熱。幾百年來，我們的大氣層保持原子和分子的自然平衡，使得一定數量的紅外線光彈出地球表面，回到太空。然而，隨著人類的工業化，我們往大氣層送出越來越多的人造原子和分子，這些原子和分子之中，有些能吸收紅外線光，讓更多的熱留在地球的大氣層裡。這種大氣層構成的潛在轉變，使得地球的氣候發生改變。

紅外線光提供的不只是熱，在現代社會中，我們有許多重要事物都利用紅外線光，從監測地球植被的健康到短距離通訊，再到測量海洋的溫度。

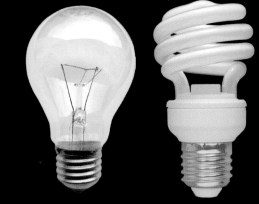

▲ 傳統的白熾燈泡，主要釋放的能量是紅外線光而非可見光，因此能量的使用極其無效（且開一段時間就會很燙）。為了避免這樣的浪費，我們開發出「精實化螢光燈」（或稱節能燈泡）（Compact Fluorescent Light, CFL）和「發光二極體」（Light-emitting Diodes, LED），它們釋放的可見光比例更高，因此能更有效率地執行照明任務。

▼ 來自太陽的光，並不會全都到達地球表面，陽光有半數被我們的大氣層反射或吸收。誠如此張圖所示，實際抵達表面的光，接著以紅外線熱向外輻射（圖左以紅色箭頭表示）。向外彈出的熱，多數接著被大氣層中所謂的溫室氣體（可以吸收紅外線光的原子和分子）吸收，然後向地球表面輻射回來（圖右的箭頭表示）。

廣闊的紅外線

紅外線涵蓋的波長幅度相當地廣。事實上，它的範圍，比人類眼睛能偵測的可見光範圍（將於下一章討論）大1,000倍。因為紅外線的範圍是如此之廣，所以科學家提出各種方法，將紅外線光切分成較小的區塊。「近紅外線」光比較接近我們能看見的那種光（可見光），而「遠紅外線」光則是在電磁波譜上比較接近微波的那端。若以參考點來看，紅外線波長的尺寸範圍，可從約莫針頭（遠紅外線光）的大小，到差不多顯微細胞的更短波長（近紅外線光）。

小小警告：不同領域會根據自己的目的，將紅外線光切分成不同的片段，有時可能會造成混淆。舉例來說，天文學家通常以「近」、「遠」紅外線來討論能量較低和較高的紅外線光。另一方面，電信工業一般使用不同的名詞來指稱紅外線光的各種片段。為了簡化，我們會固定使用近紅外線和遠紅外線這兩種子類型。

▲ 光纖是用玻璃或塑膠製成，如頭髮粗細的彈性纖維束，能以光的形式運送極大量的資料。例如你下載的影像、照片、電子郵件和簡訊，多數是由光纖傳輸。光纖也可用於人體中的內視鏡成像，或是當以雷射的形式導引時，光纖能被用來切斷如人類組織或鋼鐵等東西。經由光纖傳送資料和其他訊息，通常使用的是紅外線光。

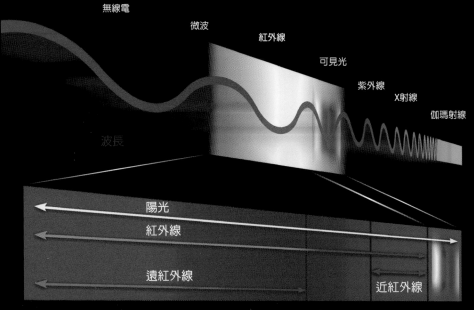

◀ 紅外線光涵蓋的範圍相當地廣，因此切分成子類別會很有幫助。科學家通常使用遠紅外線和近紅外線來區分這個範圍的兩端，近紅外線就在可見光之下，而遠紅外線則緊鄰著微波。

近紅外線光顛覆了所有紅外線都一樣熱的概念，事實上，近紅外線光一點都不熱，你甚至無法感覺到它。如果你想測試這點，可以把家裡的電視遙控器對著手掌按一下，這個裝置就是使用近紅外線光將信號傳到電視，但它穿過你的手掌時絲毫不會引起你的注意。

除了先前提到的電視遙控器，還有許多技術都使用近紅外線光，它在現代通訊與資料傳輸上扮演關鍵角色，特別是在光纖使用方面。製造業者通常在玻璃纖維製造的光纖中使用近紅外線光，因為這樣能有效傳送訊息而不會遺失多數信號。他們選擇的特定紅外線光譜帶，既不會被玻璃吸收分毫，也不會產生熱來干擾送出的訊息。

近紅外線光的波長能穿越地球大氣層，但有部分會被水蒸氣吸收，這點影響著哪些科學可以透過大氣層進行研究。舉例來說，天文學家雖然有可能在地球上使用近紅外線光研究太空的物體，但他們必須在像是山頂這類乾燥的高處，或最好從太空中的望遠鏡來進行。

我們的大氣層如何吸收光

無線電與微波　　　　　　紅外線　　可見光　紫外線　X射線　　伽瑪射線

天基

陸基

▶ 地球的保護罩能阻隔許多種光，不讓它們抵達地球表面。只有小範圍的近紅外線光能通過大氣層，沒有被水蒸氣所吸收。因此，多數的紅外線光並沒有抵達地球表面。

監測地球

近紅外線光對於我們了解地球的科學現象也很重要，其中包括地球植被的健康狀況。我們看到的植物是綠色的，因為它們吸收其他顏色，將光譜中可見光的綠色部分反射出來；同時，葉子也反射近紅外線光。進行光合作用的期間，植物吸收更多的紅光與藍光來製造葉綠素，植物的葉綠素越多，反射的紅外線光也越多，因此越健康的植物，在近紅外線的影像中會越明亮。分析從太空中人造衛星得到的近紅外線資料，科學家可以評估某個地區植被的整體健康狀況。

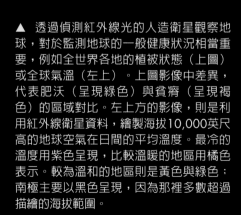

▼ 科學家透過繞行地球的氣象與氣候研究衛星（包括偵測紅外線光的人造衛星），不斷地改進氣象預報。人造衛星能長時間測量大氣溫度、水蒸氣、雲和地球的溫室氣體，為我們提供更詳盡的地球寫照。例如這張紅外線拍攝的地圖，描繪出整個地區的二氧化碳濃度模式，其中紅色區域的二氧化碳濃度最高，藍色則是最低。

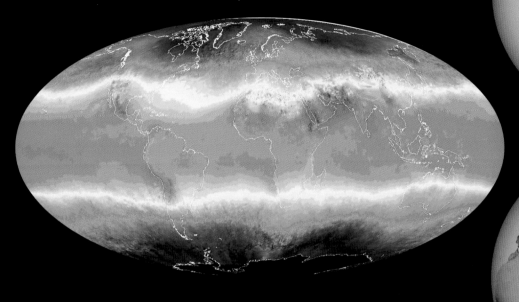

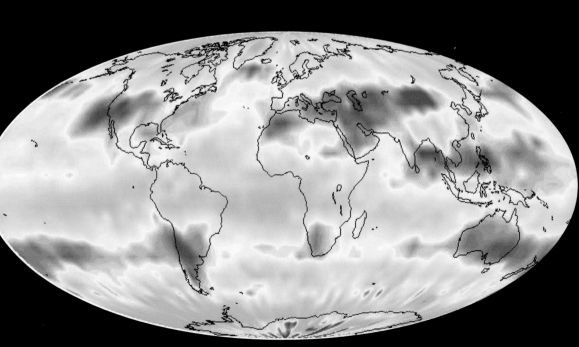

▲ 透過偵測紅外線光的人造衛星觀察地球，對於監測地球的一般健康狀況相當重要，例如全世界各地的植被狀態（上圖）或全球氣溫（左上）。上圖影像中差異，代表肥沃（呈現綠色）與貧瘠（呈現褐色）的區域對比。左上方的影像，則是利用紅外線衛星資料，繪製海拔10,000英尺高的地球空氣在日間的平均溫度。最冷的溫度用紫色呈現，比較溫暖的地區用橘色表示。較為溫和的地區則是黃色與綠色；南極主要以黑色呈現，因為那裡多數超過描繪的海拔範圍。

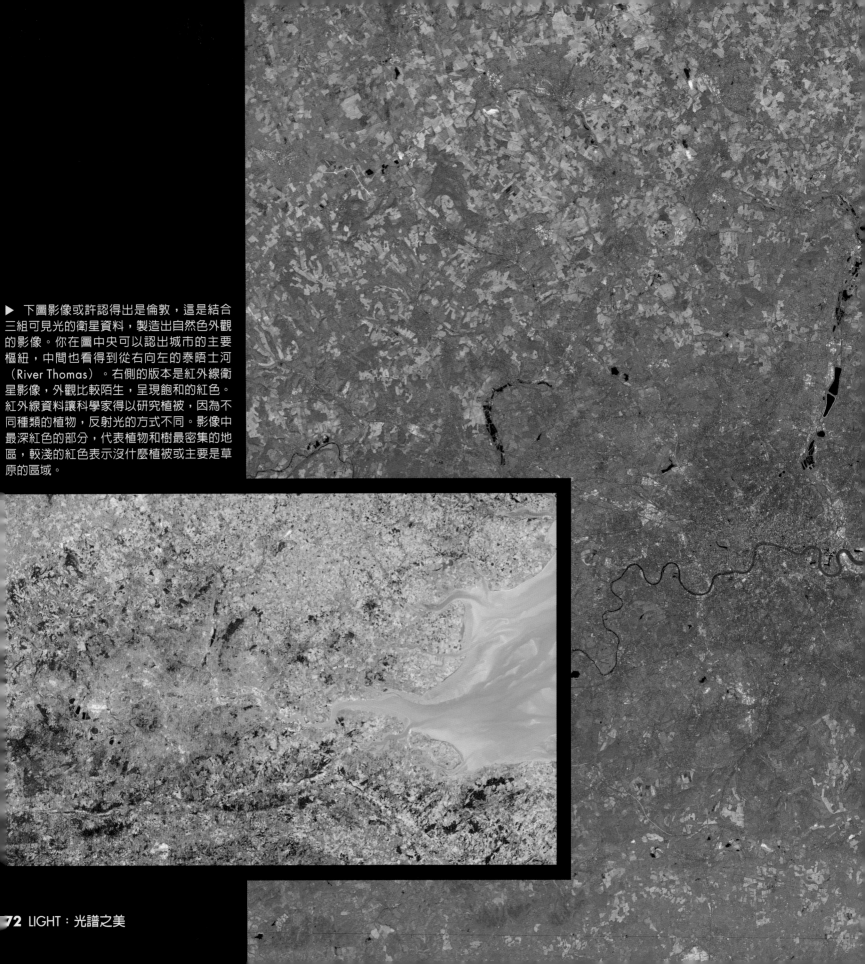

▶ 下圖影像或許認得出是倫敦，這是結合三組可見光的衛星資料，製造出自然色外觀的影像。你在圖中央可以認出城市的主要樞紐，中間也看得到從右向左的泰晤士河（River Thomas）。右側的版本是紅外線衛星影像，外觀比較陌生，呈現飽和的紅色。紅外線資料讓科學家得以研究植被，因為不同種類的植物，反射光的方式不同。影像中最深紅色的部分，代表植物和樹最密集的地區，較淺的紅色表示沒什麼植被或主要是草原的區域。

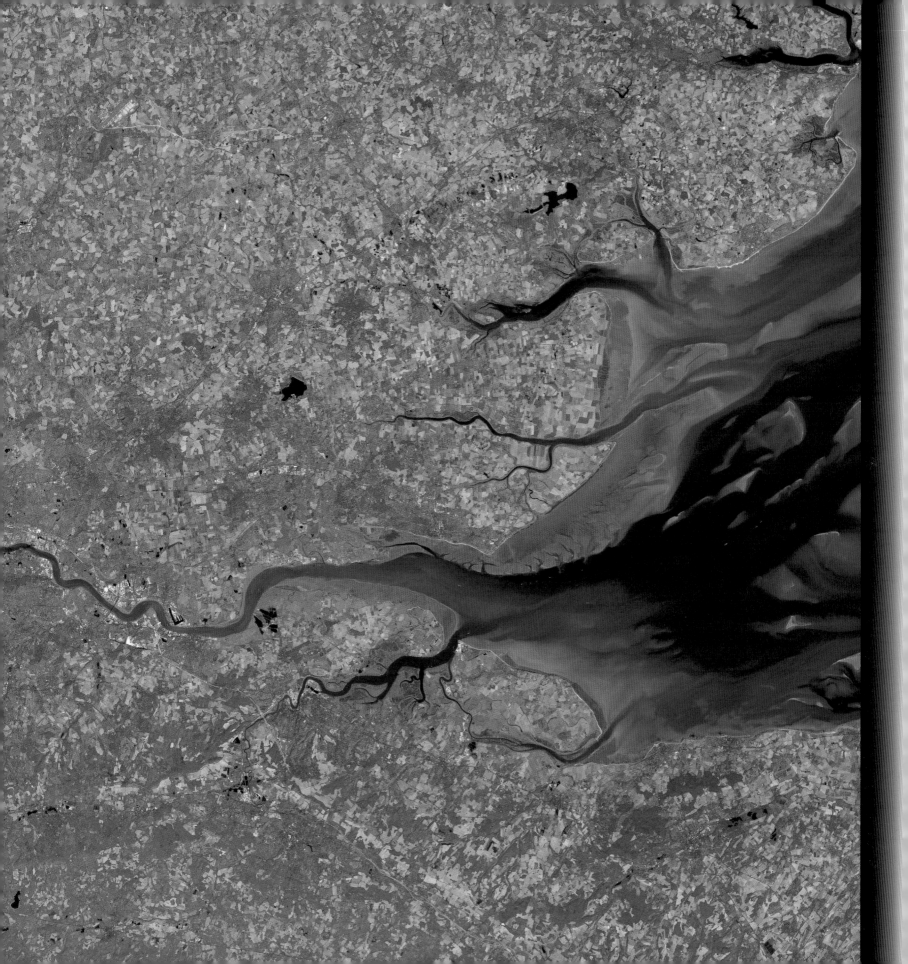

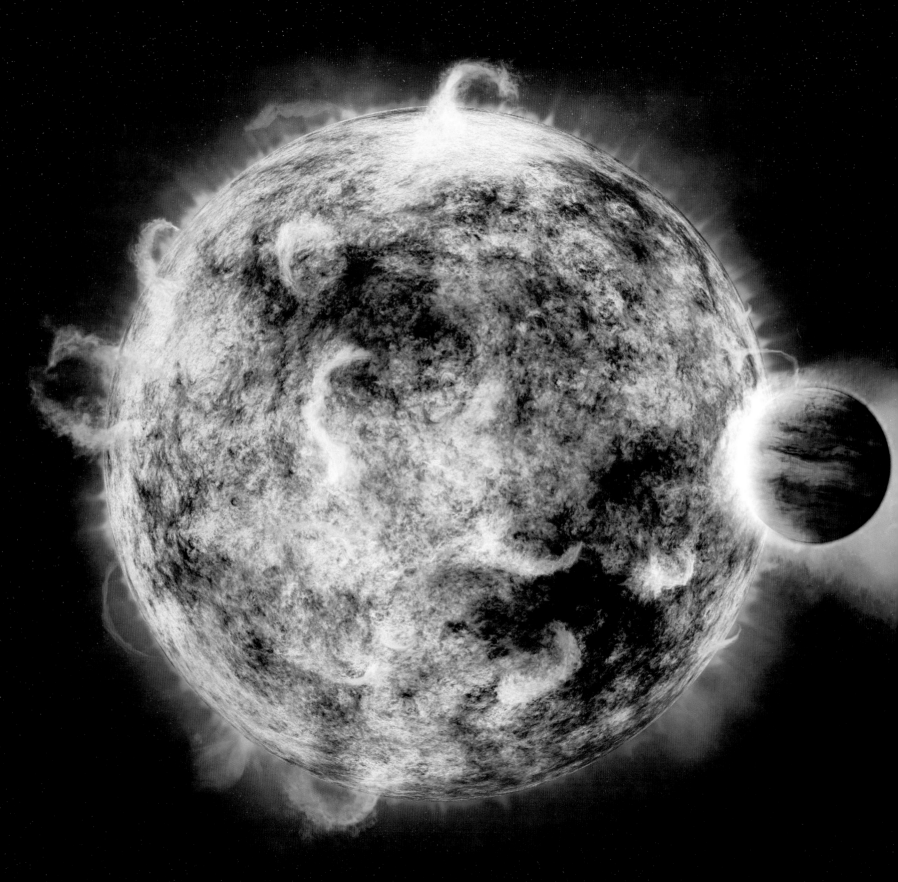

行星、行星，到處都是行星

近年來，天文學（或幾乎所有科學）中最令人興奮的突破之一，是發現太陽系以外的行星。從初次發現第一個遙遠世界（稱為「系外行星」）以來，至今已過了二十個年頭，自那時起，這個領域開始變得越來越令人著迷。天文學家一直在尋找讓喬治·盧卡斯（George Lucas）欣羨不已的特性古怪和構造奇異的系統。

對於搜尋這些系外行星，以及繞行它們的衛星和可能穿越系統的彗星，紅外線科學家也能利用紅外線光，獲悉更多有關這些系外行星發展的環境，以及它們的大氣層，甚至是可能經歷的氣象。有了紅外線光的幫助，我們或許很快就能把喜歡的科幻故事，變成十分真實的科學事實。

◀ 太陽系以外的其他世界看起來會像什麼樣子？雖然我們仍然無法直接拍攝許多光年之遙的行星，但科學家確實有足夠的訊息，能用繪圖的方式呈現這些外來的其他世界。例如這幅示意圖，呈現的是大小相當於木星的系外行星，緊緊圍繞著它的恆星運行。天文學家已經發現許多具有巨大行星的系統，這些行星在離所屬恆星很近（距離比水星到太陽還短）的軌道上急速繞行。

▼ 另一個恆星系統的彗星風暴看起來會像什麼樣子？這張圖描繪的是史匹茲太空望遠鏡的發現，其中的紅外線資料顯示彗星在碰撞岩質天體後變成碎片。這張示意圖呈現出撞擊行星的大彗星（明亮的紅光）如何向太空噴出許多物質，同時也像一場毀滅性的分享馬拉松，不斷地將新的物質給予被擊中的行星。

遠紅外線光能做些什麼？

為了避免你把遠紅外線想成只是來湊熱鬧的，接著我們就要向你保證它確實也有出力。首先，遠紅外線的波長差不多是我們覺得熱的那一段光帶，當你把手伸到火的附近時，感覺到的溫暖就是來自火焰發出的遠紅外線光。事實上，非常溫暖的東西不見得會釋放出許多可見光。請想想燃燒的木炭，即使不再發出紅光，還是非常地熱。

人體的溫度通常是華氏98度（攝氏37度）左右，因此人類發出的紅外線是光譜的遠紅外線部分。所以紅外線資料可用來製造「熱影像」，測量物體的表面溫度與周遭環境溫度的差異（不同於比較普遍的「夜視鏡」，它是透過電與化學過程，提高環境光線來顯現非常暗的人和物體）。

熱成像有許多不同的用途，從偵測隔熱系統的熱損失，到觀察人體皮膚底下的血流變化。另外，還有許多軍事和執法方面的應用，像是「目標探測」和留意熱追蹤飛彈，也能在遠端的隱蔽處監視人和設備。

近年來，紅外線光有了更多家庭功能，包括越來越受歡迎的紅外線加熱器。就像多數的現代裝置一樣，它們並不是「以不變應萬變」。舉例來說，有些紅外線加熱器直接向外照射紅外線光讓房間變暖，另外有些是先加熱金屬（例如銅），然後再利用風扇吹出暖空氣。這些加熱器使用的燃料也各自不同，從電到丙烷都有，這點相當重要，因爲銷售重點往往放在加熱器是否環保且有效率，但這一切還是要端看它們是如何被製造的。

總而言之，紅外線光的能力與應用（從醫學研究到消費產品）相當多樣，跟它跨越的波長區段一樣廣泛。如果威廉‧赫歇爾看到他的發現在短短兩百年間發展出什麼，一定會感到不可思議。

偵測紅外線的動物

雖然人類要使用技術才看得到紅外線光，但有些動物種類卻不必。蝮蛇、蟒蛇、某些蚺蛇、各種寶石甲蟲、吸血蝙蝠、某些蝴蝶，以及某些蟲子都可以感應紅外線熱。有些魚類（鯉魚和三種慈鯛科魚）利用近紅外線，捕捉獵物並協助游泳定位。

在動物與昆蟲的王國裡，能夠偵測紅外線光有許多好處。首先，有些生物能利用紅外線光，在感應和追蹤獵物上占有優勢。動物和昆蟲也能利用紅外線信號，作爲環境的導航。其他有些生物（包括某些甲蟲），似乎已發展出感應紅外線來偵測森林大火的能力，牠們這麼做並不是爲了逃離火災，而是爲了能在燃燒過的環境中產卵。

◀ 我們從拍攝房屋的熱影像中可以得到什麼？有個實際的好處（特別是在寒冷的北方氣候）——找出哪裡出現了熱損失，藉此幫助家庭節省能源。在這些影像中，最亮的顏色（黃色和白色）代表最高的溫度，而較暗的顏色（紅色和紫色）顯示較冷的溫度。

▶ 紅外線光可用於不同種類的醫學成像技術，此處呈現的是利用近紅外線光和「聚合體囊胞」（Polymersomes）拍攝的老鼠腫瘤影像，聚合體囊胞是一種抗水的顯微泡，可將不同種類的化合物帶入有機體。這樣的技術，促成深入活體中緻密腫瘤組織內部的高解析影像，若非如此將很難用非侵入性的方式捕捉相同的影像。

◀ 在動物的王國裡，哺乳動物的視覺敏感性絕對排不到前幾名，相較之下，許多種類的昆蟲（例如蜜蜂、黃蜂、蜻蜓和蝴蝶）擁有高度敏感的視覺。舉例來說，蝴蝶可以偵測部分的紅外線光帶。最典型的是，牠們能偵測近紅外線光（不是遠紅外線的「熱」信號）。這種偵測紅外線的能力，或許有助於蝴蝶區辨健康與不那麼健康的綠色植物。

跨越光譜
反射

雖然「反射」這個名詞可能讓你想到鏡中的影像，但所有類型的光都會反射，例如，從物體反射並回到雷達偵測器的微波。黃金特別善於反射紅外線光，因此常用於隔熱服的面罩，紫外線光可以從像是雪或水的表面反射，增加我們曬傷的風險。

事實上，反射是光的基本性質之一，構成反射的射線有：進入（「入射」）的射線和出去（「反射」）的射線。所有光都遵循反射定律，也就是進入射線的角度（入射角）會等於出去射線的角度（反射角）。舉例來說，如果光以45度角擊中一個平面，也會以45度角從平面反射出去。如果入射角是30度，那麼反射角也會是30度。

我們再回去想想反射的老朋友——鏡子，就很容易想像這點。如果你筆直地站在鏡子的正前方，你會看到自己的反射影像。如果你轉個角度、側身站著，你會看到背後、反轉同一角度的東西。從鏡子或平滑表面（例如水）的反射所形成的影像，被稱為鏡面反射（或單向反射）。

當我們開始談論不平滑的表面（基本上多數東西都是如此），反射就變得比較複雜。畢竟，多數的物體不會自己發光，我們能看見它們，是因為來自太陽或其他來源的光被它們反射，進入我們的視網膜。

事實上，我們看到的物體顏色，是它們反射出來的光，如果物體吸收了特定的光，我們就看不見那個光。就拿植物為例，它們非常善於吸收太陽發出的紅光和藍光，反射出的大多是可見光的綠色波長。這就是為什麼植物在我們的眼中，通常看起來都是綠色。

讓我們回到那些凹凸不平的表面。事實證明，多數東西（即便在眼中看來相當平滑）在顯微等級下都十分凹凸不平。因為有這些微小的不平整，所以反射的光會往四面八方離開，這被稱為「漫反射」（或漫射）的現象，讓我們的眼睛能知覺到物體。這個概念或許有點難以理解，但總之我們看到物體的顏色，並不是因為它天生具有那個顏色；而是光從物體的表面反射出來，我們才能看到它們有特定的顏色。

▶ 植物主要吸收陽光中可見光的紅色與藍色部分，我們最常看到的植物顏色是綠色，因為植物反射而非吸收這種顏色。這張照片裡的綠色葉子和草地，都是反射光的綠色範圍，而在田野中發現的藍鈴花，則是反射藍光。

浩瀚宇宙

紅外線天文台研究的不只是太空中的系外行星，整個宇宙的許多物體，包括恆星與行星周圍的塵埃盤、氣體塵埃雲團、星系以及行星，全都閃閃地發出紅外線光。事實上，我們或許能從紅外線望遠鏡的訊息中，偵測並獲悉百億年前的宇宙中最初形成的恆星與星系。

▶ 在我們的太陽系裡有許多天體，透過發出的紅外線光顯露它們的重要訊息。這張近紅外線影像讓我們看到藍色的土星，同時顯示沿著行星赤道移動的明顯風暴（以較亮的藍色描繪）。土星著名的環以粉紅色呈現，而在土星下方，可以清楚看到含有大量甲烷的泰坦星（Titan，或稱土衛六）——土星的其中一顆衛星。

▼ 昴宿星團（Pleiades，也稱為七姊妹星團）是北半球的觀星者相當喜愛的目標。我們從這張史匹茲太空望遠鏡（Spitzer Space Telescope）拍攝的影像中，可以看到紅外線光下的七姊妹星團，塵埃雲掠過恆星四周，將它們隱藏在柔軟的面紗背後。昴宿星團內含1億年前左右誕生的恆星，那時大約是恐龍在地球漫步的時期。

▶ 位於獵戶座（Orion）腰帶南方的獵戶座大星雲（Orion Nebula），有許多恆星在此誕生。這張獵戶座大星雲的影像是以紅外線光拍攝，跟我們肉眼能看的可見光波不同，紅外線光可通過遍布整個星雲的塵埃，揭示出埋藏其中的年幼恆星。這張影像，由歐洲南方天文台（European Southern Observatory, ESO）位在智利的拉西拉帕瑞納天文台（La Silla Paranal Observatory）以紅外線望遠鏡拍攝而成。

▼ 在可見光下，塵埃阻擋了我們觀看銀河系中央的大部分視野，然而，紅外線光能穿透這片塵埃，讓我們有更清楚的視野。這張來自史匹茲太空望遠鏡的影像，呈現出如果我們有雙紅外線眼，銀河中央看起來像是什麼模樣。我們會看到年老的恆星（藍色），以及被熾熱的年輕恆星（紅色）照亮的星塵，在我們星系的核心（影像中央的白點所示）有個巨型黑洞，質量高達太陽的400萬倍左右。

▶ 宇宙中有許多不同類型的星系會釋放不同類型的光,其中包括紅外線光。草帽星系(Sombrero Galaxy)是所謂的螺旋星系,我們的銀河系也是。這個星系以橫切過中間的厚塵埃帶聞名,我們從地球上的最佳地點就能夠看見。在可見光下(右圖),塵埃帶阻擋了星系中央的恆星的光。然而在紅外線光下(上圖),塵埃閃閃發亮,讓我們清楚地看見恆星的內盤,也看清塵埃帶本身的內部結構。

可見光

人類演化成對我們最近的恆星（太陽）釋放的主要波長最為敏感，這不是一種巧合。我們人類，還有實際上幾乎是地球的所有物種，全都受到可見光的影響。我們也已學會如何利用和控制可見光，與可見光產生進一步的關聯。

點亮一切

溫度

| 0° | 1° | 1000° | 5000° | 50,000° | 10,000,000° | 10,000,000,000° |

無線電　微波　　紅外線　可見光　紫外線　　X射線　　伽瑪射線

波長

公分　　　　微米　　　　　　奈米

波長（cm）：7×10^{-5} 到 4×10^{-5}

波長範圍大小：原生動物

頻率（Hz）：4.3×10^{14} 到 7.5×10^{14}

能量（eV）：2到3

到達地球表面：有

科學儀器：哈伯太空望遠鏡、光學顯微鏡、雷射、雙筒望遠鏡

可見光的亮點：

◉ 電磁波譜中人類眼睛能夠偵測的一小片段。

◉ 可以被散開成組成顏色，最常被分為紅、橙、黃、綠、藍和紫。

◉ 應用之多可說是不勝枚舉，從顯微鏡到雷射，再到望遠鏡，

▶ 可見光在現存所有類型的光中，或許只代表非常小的部分，但對我們卻極其重要，因為它讓我們能夠看見。這張照片拍攝的是美國愛荷華州（Lowa）東北部

光裡的一天

無論你是在美麗的日出醒來，或第一眼瞥見的光是出自人工，可見光在你的一天中都扮演著重要角色。當我們戴上眼鏡閱讀、讚嘆美麗的彩虹，或領略落日時分的橘紅色天空，我們都是在觀看光的各種行為表現。像是光可以折彎、折射，以及被散射等等。從利用太陽能到找出光害的解決辦法，來自太陽的可見光關係到我們日常生活的許多面向。

可見光無疑是我們最熟悉的光。我們能看到的一切事物——臉、家具、螢火蟲、彩虹，就是因為這些東西反射或發出紅、橙、黃、綠、藍和紫的某種組合，才讓我們得以看見。

在人類的歷史中，多數時間都認為能用眼睛偵測的光就是一切，所以我們把電磁波譜中能刺激視網膜的窄窄這段，直接等同於「光」也就不足為奇。因此，雖然可見光只占所有光的一小部分，但還是相當重要。

很難找到可見光不影響我們生活的方法。除了讓我們多數人能在世上遨遊，可見光還有無數的應用存在。從雷射到太陽能板，從顯微鏡到望遠鏡，可見光（無論象徵或實際）照亮了我們的生活周遭。

◀ 若想看見自然的彩虹，需要有一些元素密切配合，包括雨量、陽光的方向、一天當中的哪個時段（早晨和下午最佳），以及觀看者的位置（應該背對太陽）。紐西蘭（New Zealand）的這頭牛相當幸運，在吃草的同時偶遇自己的彩虹。

▶ 光學顯微鏡是利用可見光和透鏡系統，將微小樣本的影像放大。右圖的影像，讓我們大致了解在光學顯微鏡下能看到什麼。顯微鏡利用特殊技術，測量樣品成分折彎光的程度，增強肉眼無法看見的特徵。在此，我們看到的是小綠藻組成的大圓形聚落，中間偏右有個較大的黃綠色球形區域，它是從老聚落的表面正在長出的新聚落。

▶ 藉由太陽能板的科技，我們利用太陽提供的部分能量幫助供電。太陽能板裡的光伏電池使用半導體材料（像是矽），將來自太陽的光轉換成電，藉此產生電力。太陽能發電一直是大有可為的再生能量來源。

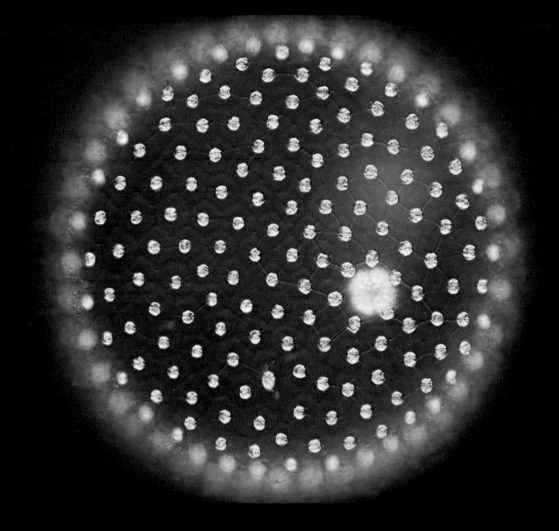

艾薩克・牛頓

根據傳說，艾薩克・牛頓（Isaac Newton）在看到蘋果從樹上掉下時，想出了他的重力理論。然而，在這個「尤里卡」（希臘語的εὕρηκα，拉丁文為Eureka，原意是「我發現了！」，表示發現某些真相時的驚嘆）時刻的經典故事背後，被視為科學史上巨擘的艾薩克・牛頓爵士在一九六〇年代的中後期，對於光的性質也有了重大發現。身為英國物理學家暨數學家的牛頓，有項成就是首度了解彩虹如何形成。他想出如何利用三稜鏡來分出彩虹的個別顏色（紅、橙、黃、綠、藍和紫），同時還證明光不是被三稜鏡上色，而是因為折射。他在英國發表有關光學研究的論文，標題為〈光與顏色的新理論〉（New Theory about Light and Colors），完全顛覆當時對光的普遍想法。

▲ 高富瑞・克奈勒爵士（Sir Godfrey Kneller）在1702年繪製這幅艾薩克・牛頓爵士的肖像。今日，這幅畫懸掛在倫敦的國家肖像藝廊（National Portrait Gallery）。

彩虹的顏色

科學家將可見光定義為從彩虹的紅色（可見光的最長波長）這端開始、到另一端的紫色（具有最短的波長）結束。在這之間，我們多數從學校學到的還有橙、黃、綠和藍（或許有些人會想起靛色，但這個顏色今日比較少被算入）。

西元1665年，艾薩克·牛頓發現陽光通過三稜鏡時，被分散成這些個別的顏色。光經過一個介質（空氣）到另一個介質（玻璃）時，它的路徑會折彎。折彎的大小取決於光的波長，意思是每個顏色被散開的程度稍有不同。藍色被折彎最多，因為它的波長最短，而紅色被折彎最少，因為它的波長最長。光的波長越短、被折彎越多，因為它跟通過的物質產生更多的交互作用，使得速度更慢，造成它比長波長的同伴折彎更多。最後，不同波長的各個顏色分別落入各自的位置。

在合適的條件下，大氣層中的水分子也能將可見光分散成個別顏色，這就是我們看到的彩虹。它的作用是這樣：當陽光以特定的角度進入水滴時，每個顏色根據各自的波長被折彎，就像是通過三稜鏡一樣。被分散的光有些繼續往前走原來的路徑，但其他的光幾乎直接往後反射，這就是為什麼如果你想看到彩虹，必須有陽光在你的背後。

地球的大氣層中，不只有液態的水能扮演微小的三稜鏡，高層大氣中的冰晶也可以散開陽光，或說是造成陽光的色散。這些冰晶不像水滴是球面的，因此它們產生的樣式會有點不同。例如，在特定的條件下，能在太陽四周看到名為「幻日」（**Sun Dog**）和「光暈」（**Halo**）的空中美麗光秀，這些就是冰晶的傑作。

現在我們知道，我們看得見的陽光（又叫做可見光）能被分解成一整組熟悉的彩虹顏色。我們把牆壁看成紅色、植物看成綠色，那是因為……嗯……牆壁是紅的、植物是綠的。這麼想或許很有道理。然而，誠如我們在紅外線那章提到的，我們看到的顏色，實際上是被反射出來的光。植物的葉子和莖看起來是綠色，因為它們吸收了多數的紅光和藍光，由於現在光實質上已經消失，所以我們只看到剩下來的綠色。

▼ 下圖中，光進入雨滴後，它的路徑（A）在出去時會被折彎成不同方向（B），因為不同波長的光被折彎的程度稍有不同，所以光被分散成多種顏色。有些光不會通過雨滴，而是反射回雨滴的前方。隨著那道光離開雨滴，光就被散開成更多顏色。從光被反射的視角（C）看這道光的人，就很幸運能看到美麗的彩虹奇觀，正如美國猶他州的這張照片所示（上圖）。

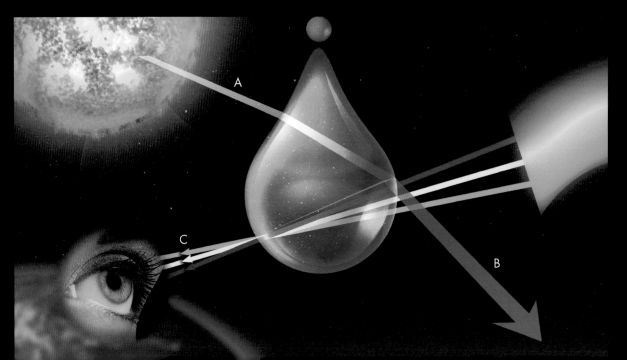

我們的眼睛如何偵測顏色呢？當光的射線從物體反射出來時，可以通過角膜（透明的外蓋）進入我們的眼睛，由此，光穿越瞳孔（眼球上有色部分中央的黑色圓圈），最後到達視網膜。視網膜是眼睛後方的一層薄薄的組織，內含數百萬稱之為桿細胞（Rods）和錐細胞（Cones）的光敏感神經細胞（光受體）。錐細胞有三種，分別對於紅光、綠光和藍光特別敏感。視網膜裡的所有神經將光轉換成電脈衝，最終傳導至腦裡的視神經，在此生成影像。

視網膜上的光受體內含被光照射會改變的化學物質。這樣的改變會引發電訊號，然後沿著視神經傳送到大腦。不同類型的光受體對於不同波長（或顏色）的光敏感。

有時，光受體沒有像尋常那樣反應，這就是我們所謂的「色盲」。這個名詞有點誤導，因為多數有這種狀況的人還是能看見顏色，只是他們通常難以區辨紅色和綠色。會發生這種情況，是因為他們眼中的光受體要不是失去，就是從未有過區辨紅綠所需的化學物質。

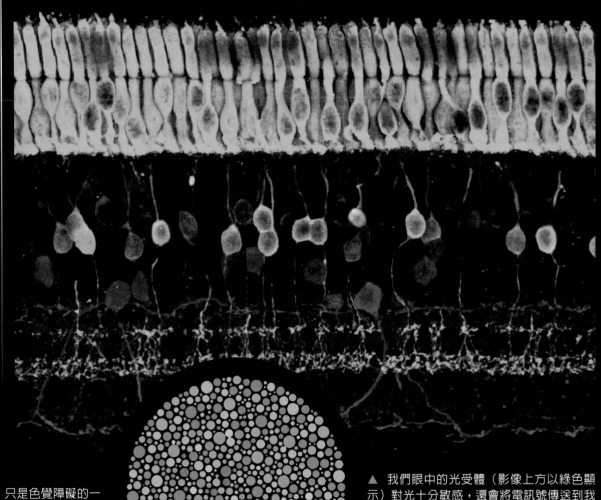

▶ 你在圓圈中看到的數字是什麼？這張圖像，只是色覺障礙的一系列經典測驗的其中一張。如果你的顏色視覺正常或屬於典型，你在圓圈中會清楚看到「74」。只有兩種光受體在作用，或三種光受體都功能不全的色盲，可能看到的是「21」。色覺障礙更嚴重的人，則是完全無法看出任何數字。

▲ 我們眼中的光受體（影像上方以綠色顯示）對光十分敏感，還會將電訊號傳送到我們的大腦。光受體有兩種，分別是桿狀的細胞和錐狀的細胞。桿細胞有助於人在昏暗的光下視物，而錐細胞則是讓人在較明亮的光下看見顏色。

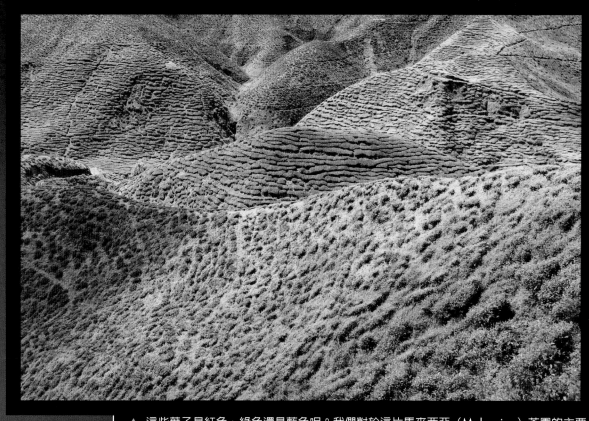

▲ 這些葉子是紅色、綠色還是藍色呢？我們對於這片馬來西亞（Malaysian）茶園的主要知覺是綠色，因為照片中的葉子反射出它們不吸收的綠光。由於植物會吸收來自太陽的紅光和藍光，所以我們在它們身上看不見這兩種光。

◀ 當陽光通過地球大氣層中的捲雲時，若被其中的冰晶折射，可能製造出名為「幻日」和「22度暈」的光學現象。幻日（也稱為假日）是太陽的兩側有一對明亮的色斑，通常在22度暈出現時會看到，這張從法國阿爾卑斯山（Alps）拍攝的照片，可以同時看見兩者。多數的幻日和日暈都呈現亮白色，但有時冰晶會扮演小小三稜鏡，讓光暈染上多種色彩。

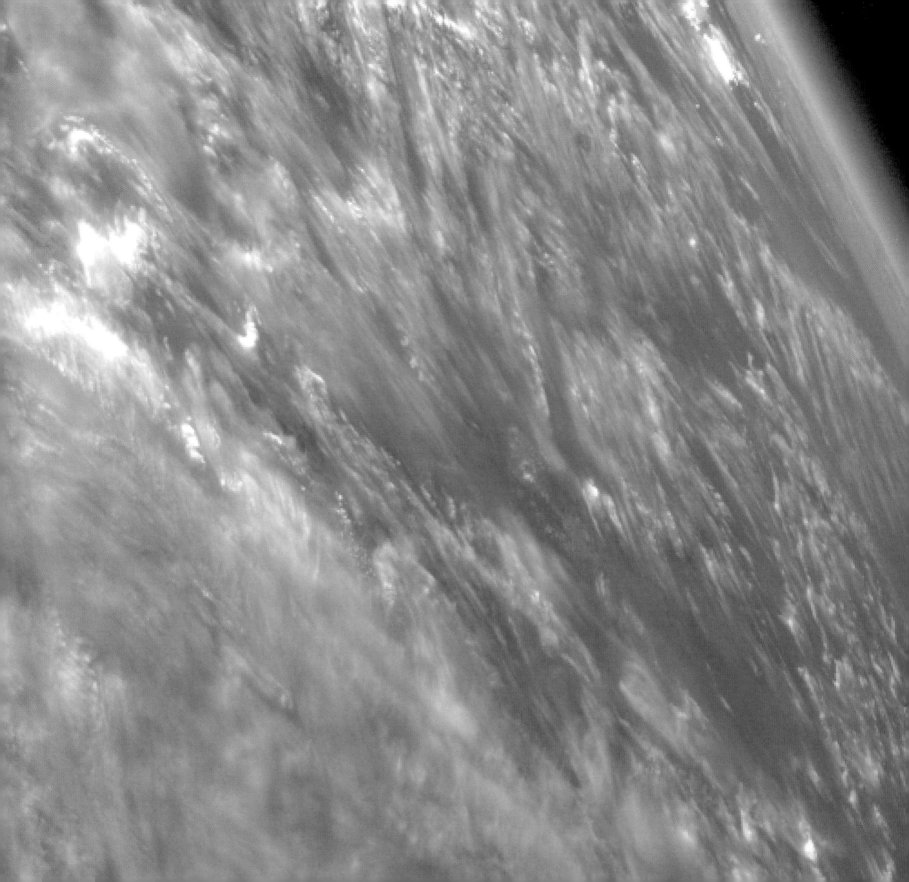

眼見為憑

多數物體本身不釋放任何的光。它們只有顏色（再次重申，這是反射的光），這是因為有光源存在，例如太陽、燈泡或爐火。這個規則雖然有些例外（像是螢火蟲和其他發光動物），但我們周遭的多數物體天生都沒有顏色，除非能反射來自外在光源的光。

然而，關於顏色的故事還沒有說完。人類偵測顏色還有其他的方式，包括結合兩種或更多的波長。或許你曾注意，艾薩克·牛頓發現的可見光組成顏色，並沒有像粉紅或棕色這樣的顏色，這些顏色是其他顏色重疊時產生出來的。事實上，我們的眼睛以這樣的方式運作：我們主要只偵測紅色、綠色和藍色，由此將顏色轉譯成我們周遭所見的無數顏色。

當然，可見光不僅止於顏色。隨著我們對光的了解越多，我們以各種方式利用光的能力也越大。我們不只是利用太陽光作為電力來源，我們還發明許多方式製造人工的可見光，讓我們照亮一切，從我們的家到馬路，再到整個城市。我們將可見光的技術運用在醫療、通訊，以及其他許多工業領域。可見光在娛樂、藝術等各方面，也都很有用處。

◀ 主要由氮以及氧和少量其他元素和分子組成的大氣層，保護我們不受多數的太陽有害輻射侵害。大氣層允許太陽的可見光波長到達地球表面，這就是為什麼地球上的多數物種都演化出偵測可見光的能力。這張照片是國際太空站的太空人拍攝到的片段地球和大氣層，主要圍繞在西北非附近。

◀ 月亮本身不會發光，而是反射部分照到它的陽光。這張影像是地球的天然衛星 —— 月球，由位在美國亞利桑納州基特峰國家天文台（Kitt Peak National Observatory）的望遠鏡拍攝，曝光時間只有0.05秒，短到來不及捕捉月球背後的恆星。影像深處的恆星與星系，是結合同一視野的第二個望遠鏡拍攝的畫面。

▶ 看到的天空無論是紅色或藍色都令人感到美妙，然而，是什麼造成我們的大氣層有這樣的顏色差異呢？太陽釋放的光具有全部的顏色，但其中最強的是黃色。日落時分，就像這張在法屬玻里尼西亞（French Polynesia）拍攝的照片（右上），陽光通過較厚的地球大氣層，導致更多短波長的光（包括黃光）被散射開來。使得某些日落時分，天空變化為美麗的紅色。有時，我們的天空是一整片清澈的藍，就像這張墨西哥瓜納華托（Guanajuato）的晴朗天空（右圖）。天空看起來像這樣色彩鮮明，是因為地球大氣層中的分子和原子分散，將陽光中的藍色部分放到最大，看起來像是從四面八方而來。

光合作用

▼ 太陽花田是正在進行光合作用的美麗範例。

光合作用是種極為驚人的過程，它讓植物、細菌和藻類能將來自太陽的光轉變成化學能量，並且把二氧化碳和水轉化為碳水化合物與氧。因為所有動物（包括人類）都吃植物 —— 無論是直接或間接透過其他動物，並且利用氧氣呼吸，所以光就是讓我們能夠生存的燃料。然而，只有適當類型的光才能產生光合作用，來自太陽的紅外線輻射，能量不足以為這個過程供給燃料：紫外線光則是能量太高，會傷害植物內部的化學鍵（事實上植物不像人類會「曬傷」，因為它們含有微小的絲狀結構，大小正好讓紫外線光從植物的葉子傳送出去）。紅外線光太弱、而紫外線光太強，只有可見光剛好能讓植物從陽光製造自己的食物。

▶ 生物能否產生自己的光？有些物種可以，這是透過科學家稱為「生物發光」（Bioluminescence）的內在化學反應。螢火蟲（下圖）就是能發光的著名例子。當牠們腹部的有機化合物（稱為「螢光素」，Luciferin）與空氣中的氧氣交互作用時，產生某種淺黃色或紅綠色的光。然而，多數的生物發光實際上是在水裡出現。右上角的圖中，你可以看到海洋浮游生物的藍色生物發光，這是在澳洲東南部的吉普斯蘭湖（Gippsland Lakes；或稱夜光湖）拍攝的畫面。這張照片經過長時間的曝光，因此能看到湖面上方的銀河與恆星軌跡。

折射

當光從一個介質到另一個介質時，路徑會被折彎，換句話說，光可能改變行進方向。這就是科學家所謂的「折射」現象。你把一根吸管放入裝滿水的玻璃杯中，就能簡單地了解這個概念，雖然吸管是直的，但它在水面下看起來卻偏向一邊。

光的這種折彎行為，造成我們的基本行為之一：用眼睛看。光經過角膜這清澈的窗戶進入眼睛、穿越水晶體，最終聚焦在視網膜，一旦抵達視網膜，數百萬的神經纖維會將訊息一路傳送到大腦處理。然而，我們眼睛的能力，就是將光折彎並聚焦到眼後的微小點上，讓我們得以看見。

當然，有時這樣的聚焦並非完美運作，事實上，其中有許多地方可能出岔，包括光穿越空氣、進入角膜的轉換。因為這裡有重大的界線改變，所以光若是沒有良好的折射，多數的視覺問題就會在此出現（事實上，最常見的眼睛毛病就叫做「屈光不正」，Refractive Error，或稱「折射誤差」）。人們已學會如何發展其他透鏡來彌補自然缺陷，處理眼睛未盡理想的折彎，那就是我們的眼鏡和隱形眼鏡。

不同波長的波在進入新的物質時，會有不同程度的折彎（或稱折射），折射只發生在新、舊介質間的界線，一旦光越過那道門檻，就會繼續以直線行進，直到遇到下一個新的環境。

光會改變路徑，是因為從一個介質到另一個介質的速度改變。想像你在柏油路上騎腳踏車，然後轉向騎進草坪。假設你沒有失控，如果你繼續用相同的力氣踩踏板，你的速度還是會減慢。

現在，想像你有一百個好朋友一起並排騎腳踏車，以完全相同的速度向前移動。當你們騎上同一片草坪時，你注意到草坪邊緣不是直的，所以你們之中有些人比其他人更早抵達草坪（而且減速）。如果你剛好有一台空拍機在這排同步的腳踏車上方盤旋，你會拍到這條直線隨著各輛腳踏車接連騎上草坪而改變方向。

折射的定律有個重要的例外。如果光跟遇到的新介質成完美的直角，就不會折射。請想想照到平面玻璃的光，它會直接通過而不改變任何表象。現在，讓我們再看一次當陽光到達三稜鏡（也是用玻璃製成）的斜邊時會發生什麼事。當陽光在些微不同的時間點到達三稜鏡的斜邊，有些波長比其他波長減速更多。就像牛頓的發現，這會造成陽光分散成它的組成顏色。然而，如果所有的光都筆直地照到玻璃平面，它們會減速，但卻不會改變路徑，因為所有光都同時到達新的介質。

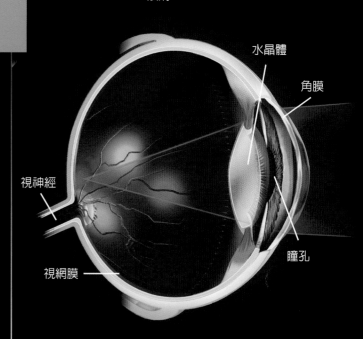

▲ 人類的眼睛是精密的觀看系統，由水晶體、角膜、瞳孔、視神經和視網膜等所組成（在此只列舉重要部分）。然而，光的折彎是我們如何看見的重要因素，特別是光從角膜到視網膜的折射和聚焦。

▶ 當光的射線被折彎時，光源的影像就變得歪曲。例如，光的路徑可能經由眼鏡的透鏡，或星系團的扭曲空間而被折彎。

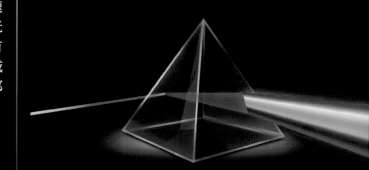

▲ 陽光通過三稜鏡時會被分散（也就是散開成它的組成顏色）。十九世紀初期，威廉·赫歇爾發現光不僅止於人類眼睛能看見的彩虹顏色。人類的眼睛看不見紅外線光，但我們能利用紅外線偵測器與攝影機，將紅外線光轉譯成我們看得見的影像。

► 我們的大氣層能像透鏡一般作用。例如在落日時分，因為陽光穿越地球大氣的各層期間會偏斜，所以太陽可能看起來是扁的。來自太陽底部的光比上方折彎更多，因為越接近地平線，必須通過的大氣層越厚，結果造成太陽的形狀看起來更像橢圓而不那麼圓，如同這張在南海（South China Sea）拍攝的照片。

浩瀚宇宙

我們若只用可見光觀看宇宙，還是看得見許多東西。毫無疑問的，哈伯太空望遠鏡是用可見光觀察宇宙的最知名人造衛星（但它也能用某些紅外線和紫外線觀察）。雖然多數最先進的光學望遠鏡利用的是可見光，但如果我們剛好能飛到遙遠宇宙物體的附近去看，使用望遠鏡跟直接用眼睛看的結果還是相當不同。先進的望遠鏡讓我們擁有超人的視力，它們的儀器比我們的眼睛對可見光更加敏感，能夠偵測太空中最遙遠處放射的最微弱光。

回到地球附近來看，光學望遠鏡已大大地改變我們觀看太陽系行星與其衛星的方式。從1609年義大利天文學家伽利略·伽利萊（Galileo Galilei）第一次架上望遠鏡、觀看坑坑疤疤的月亮起，至今我們對於太陽系構成的理解有了極大的進展，科學家已想出該如何遙控火星上的一系列探測車、獲得土星環和木星風暴的特寫鏡頭，以及將太空梭送往太陽系可抵達的最遙遠處。

▼ 或許你曾在孩提時駕駛遙控車越過沙地，但請試想在數百萬英里處操控它越過粗糙的砂礫地表。在這張「好奇號探測車」（Curiosity Rover）於2013年7月拍攝的火星合成影像中，我們看到中央有兩個灰色的峰，它們被暱稱為凱恩斯雙子島（Twin Cairns Island）。火星的白天天空跟地球的並不相同，帶有黃褐的顏色。為了從火星得到對研究者有用的影像，資料會模仿地球的照明條件來校正顏色。這有助於人類眼睛更能區別火星的地質材料。

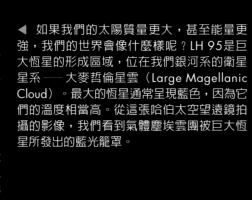

◀ 如果我們的太陽質量更大，甚至能量更強，我們的世界會像什麼樣呢？LH 95是巨大恆星的形成區域，位在我們銀河系的衛星星系──大麥哲倫星雲（Large Magellanic Cloud）。最大的恆星通常呈現藍色，因為它們的溫度相當高。從這張哈伯太空望遠鏡拍攝的影像，我們看到氣體塵埃雲團被巨大恆星所發出的藍光籠罩。

▶ 這些科學名稱叫做M16的深色塵埃柱，也被暱稱為「創生之柱」（Pillars of Creation），當它們在1995年首次被哈伯太空望遠鏡拍到時，立刻聲名大噪。2015年釋出的新影像，是利用太空人裝設在哈伯太空望遠鏡的升級配備拍攝，由此讓我們看到更蔚為奇觀的壯麗景象。這張由可見光和紫外線光組成的「創生之柱」，藍色是氧、橘色是硫，而氫和氮則是綠色。

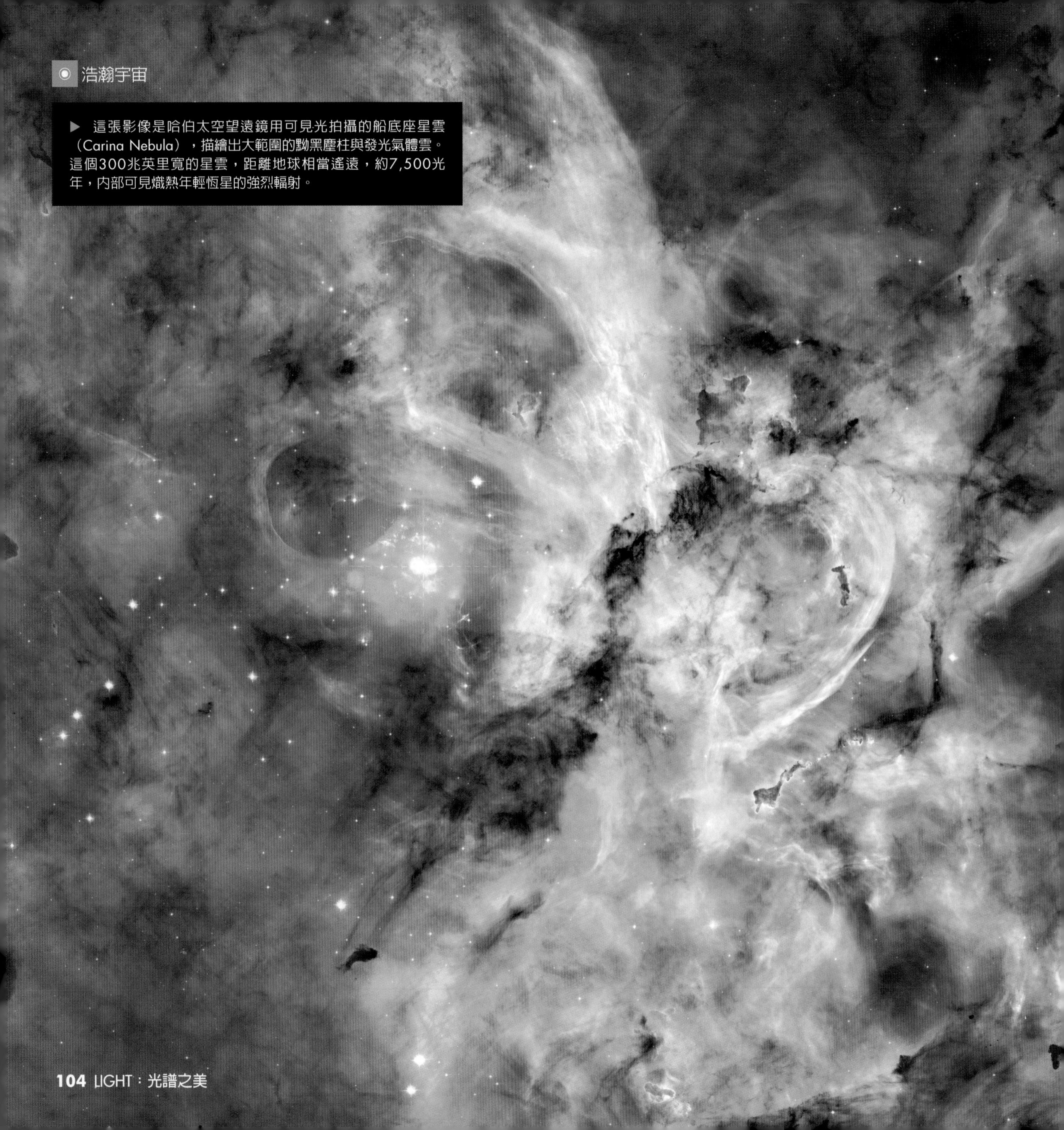

▶ 這張影像是哈伯太空望遠鏡用可見光拍攝的船底座星雲（Carina Nebula），描繪出大範圍的黝黑塵柱與發光氣體雲。這個300兆英里寬的星雲，距離地球相當遙遠，約7,500光年，內部可見熾熱年輕恆星的強烈輻射。

▲ 阿普273（Apr 273）這個名字，跟外表像朵盛開玫瑰的交互作用星系似乎不太相符。距離地球3億光年的阿普273，在這張哈伯太空望遠鏡的影像中主要以可見光呈現（紅色和綠色），同時也用到紫外線光（藍色）。一般認為，組成玫瑰「莖」的較小星系（影像下方）穿過組成「花朵」的較大星系（影像上方），最終，這兩個星系很有可能合併成一個大的星系。

▼ 影像右側的厚實偏紅星系，質量大約是太陽系的10倍。暱稱為「宇宙馬蹄鐵」（Cosmic Horseshoe）的這個星系，位在距地球約46億光年遠處。但它外圍的藍色光環是什麼呢？那是另一個更加遙遠（精確的說是109億光年）的較小星系。來自更遠星系的藍色光芒，被前方較大星系的強大引力（作用像是透鏡）放大且彎曲成馬蹄鐵狀。這是哈伯太空望遠鏡結合可見光與紅外線光拍攝的影像。

紫外線

太陽所釋放的大多數光並不是可見光，而是紫外線光（ultraviolet, UV）。大晴天外出需要特別小心曬傷的警告，讓我們眞切地感受到這點。然而，若能正確使用，紫外線光也能有正面影響。舉例來說，紫外線光能幫助人類和動物產生維生素D。它也能用於防止詐欺，像是只在紫外線照射下才顯現的浮水印和隱藏訊息。

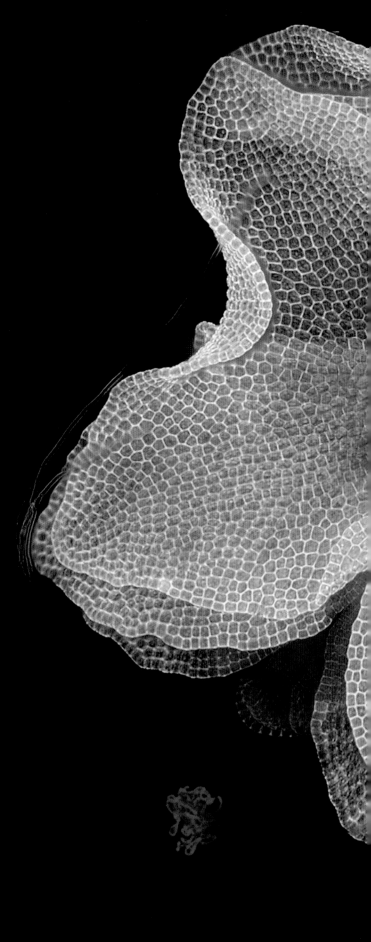

點亮一切

溫度

| 0° | 1° | 1000° | 5000° | 50,000° | 10,000,000° | 10,000,000,000° |

無線電　微波　紅外線　可見光　紫外線　X射線　伽瑪射線

波長

公分　　　　微米　　　　　　奈米

波長（cm）：4×10^{-5}到10^{-7}
波長範圍大小：分子
頻率（Hz）：7.5×10^{14}到3×10^{16}
能量（eV）：3到10^2
到達地球表面：多數沒有
科學儀器：紫外線燈、黑光燈、紫外線光譜儀、紫外線偵測望
　　　　　遠鏡

紫外線的亮點：
◉ 在彩虹的紫色部分之外發現。
◉ 紫外線的某些光帶能剝離原子和分子的電子。
◉ 對人類既有益、也有害。

顯微鏡學常用紫外線光進行植物細胞、細菌和礦物等的成像，通常可避免造成樣品損傷。這張紫外線光下拍攝的影像呈現的是葉狀地錢（liverwort），一種像苔類般無法分配或留住水分的植物。影像中也包含藍綠藻（Cyanobacteria）（細細長長的纖維結構，主要可見於圖的中上和右上方）。這張顯微影像放大了50倍，並且利用螢光照明。

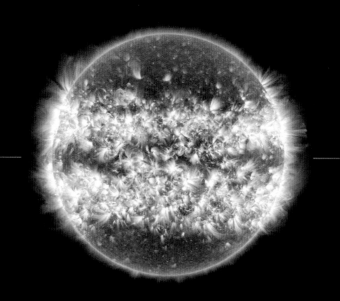

光裡的一天

在明亮、溫暖的白天，你可以想像自己抬起臉曬曬太陽。我們的恆星釋放許多種類的光，但你或許對紫外線光（或稱UV光）特別熟悉。在臉上塗防曬品避免太陽的UV射線傷害，可能已是你日常生活的一部分，因為紫外線可能會加速老化並造成皮膚損害。即使你沒有使用防曬品的習慣，還是有可能接觸到利用UV技術的產品，從打開辦公室那盞螢光燈泡的燈，到使用印著UV浮水印的信用卡，我們的生活有許多技術都應用了紫外線讓我們過得更好。

「紫外線」這個名詞，讓我們有線索知道這段光帶位在電磁波譜的何處——就在彩虹的紫色那端之外。很多人可能覺得紫外線光有不好的含意，畢竟，如果你住的地方總是天氣晴朗，你就很可能聽過「紫外線指數」這個名詞。科學家提出這個系統，描述某天有多少紫外線光抵達某個位置。如果紫外線指數很高，你聽到的建議會是盡可能不要在太陽下待得太久。

確實，紫外線光是造成曬傷的主因，對皮膚還有其他不利的影響。然而，這種光也可能有助於人類健康。舉例來說，紫外線光能幫助人類（和動物）身體製造增強骨質的維生素D。照射紫外線光，對於像牛皮癬和白斑症這類的皮膚病也有幫助。

紫外線光分解核酸——如微生物（包括病毒）DNA的能力，同樣對人類有益。這個意思是說，紫外線光有助於消滅傳染病（例如流行性感冒），因為紫外線光會破壞它們的分子鍵，阻止這些微生物繼續成長或繁殖（因此，當流感大流行時，出門曬曬太陽或許是個不錯的點子）。由於紫外線光可能破壞有害的生物，所以能用來對各式各樣的東西殺菌，例如，用發出特定紫外線光帶的燈照射水中，可以殺死有害的微生物、細菌和病毒，這項技術能用來消毒醫院的病房、食品加工廠等等。

紫外線光通常能切分成近紫外線、遠紫外線和極紫外線。近紫外線的能量比可見光強，但還不足以將電子從原子上剝離（這過程稱為「游離化」）。然而，遠紫外線和極紫外線是游離輻射的形式，這是得認清的重要分界。游離輻射是有害的，因為它們會改變分子的結構，例如人體中的水。如果水分子的電子被剝離，這些自在漫遊的粒子可能跟著改變，或跟其他的細胞產生交互作用，最終導致惡性腫瘤。在電磁能量階梯這一側的各類型光（X射線和伽瑪射線），也都是游離輻射的形式。它們對於活細胞的潛在傷害，就是我們應該限制接觸這些高能量光的主要原因。

從地面來看，我們的太陽或許像是個明亮但平靜的光盤（左圖）。但是，當我們從太空中的望遠鏡以特定片段的紫外線輻射看太陽時（前一頁圖），圖片就變得相當有趣。這張太陽活動的影像，是將為期一年多拍攝的25張觀察結果合成，從中可看到溫度約為華氏100萬度的太陽，中間滿布活躍的日冕環與弧。

▶ 多數的紫外線輻射被地球大氣的某些層（如臭氧層）阻擋，無法抵達地面。然而在某些日子，會有較多的紫外線能通過這層保護的大氣。科學家發展出紫外線指標，幫助我們更能覺察這樣的改變，好讓我們能保護自己免受紫外線輻射的傷害。紫外線指標的範圍通常從0開始（意思是過度曝曬的危險極低），往上可達到11或12（表示紫外線輻射量相當危險）。地球上有些地方，特別是在高海拔處或臭氧層破洞下方，紫外線指標甚至可能高達30或40。

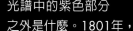

約翰·里特

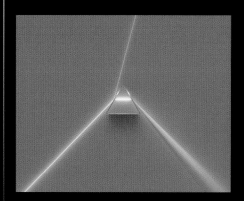

追尋著威廉·赫歇爾在十九世紀初發現紅外線光的腳步，德國科學家約翰·里特（Johann Ritter）決定探索光譜中的紫色部分之外是什麼。1801年，大約在里特25歲的時候，他開始用氯化銀進行實驗，這是一種接觸陽光會變黑的化合物。利用陽光下的三稜鏡（就像牛頓與赫歇爾所做），里特製造出可見光的光譜並將之照射在氯化銀上，好讓他能夠測量反應。相較於紅色範圍，對著紫色範圍的氯化銀反應較大，然而，當里特把氯化銀放在緊鄰紫色、看不見光的地方時，反應最為強烈。里特將他的發現稱為「化學射線」，但後來被重新命名為「紫外線」，指稱它位在彩虹紫色那端之外的位置。

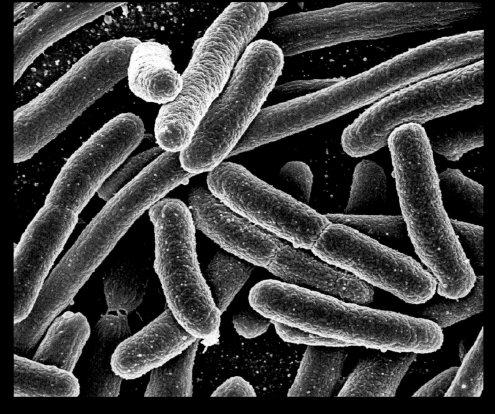

▶ 大腸桿菌（*Escherichia Coli*，又稱為 *E. Coli*）是能造成大人和小孩食物中毒的細菌。這種細菌（圖示為顯微鏡放大7,000倍），可利用紫外線光照射來殺死。

▲ 幾世紀以來，科學家們利用三稜鏡對光做進一步的了解。這個三稜鏡讓我們看到可見光散開成彩虹的顏色。

◀ 紫外線藝術又是什麼？這張照片呈現的是用紫外線光照射，再用裝了一般底片的相機所拍攝的螢光材料。

紫外線螢光

紫外線光的另一個迷人特質，是它強力到足以造成某些化學反應，包括許多物質的化學結構被紫外線光照到時能發光或「發螢光」。能發螢光的物體很多，但它們通常有某些共同的原子特質，包括具備剛性結構，以及可繞行超過一個原子的電子。許多常見材料具有這些分子類型，有些是天然、有些則出自螢光塗料，這些東西形形色色，包括白紙、抗凍劑、洗衣精，以及在岩石和礦砂中發現的某些礦物。

另外，紫外線在鑑識學這個領域十分有用。特定的體液（像是血液和唾液），無論發現位置的表面顏色與結構爲何，在強力的紫外線光照射下都無所遁形。鑑識人員能藉此找出肉眼看不到的證據。同樣的，有些品牌的防狼噴霧含有紫外線染料，即使在犯罪過後很久，還是相當容易找出被噴到的人。

紫外線光還可幫助防止其他類型的犯罪，像是僞造和證券詐欺。如果你仔細看看最新發出的信用卡、駕照、護照、貨幣和其他官方文件，或許你會注意到它們都具有紫外線浮水印。這些只有在紫外線光照射下才會完全顯現的小小符號，提供了層層保護，杜絕有人試圖僞造文件或盜用身分。

▲ UVA光照射下的5歐元（下方），以及我們在可見光下常看到的模樣（上方）。這張紙鈔具有防僞特徵，像是浮水印和全息圖。

紫外線視力

因為紫外線恰巧落在可見光帶的紫色之外，所以人類大多無法用肉眼偵測到紫外線光（還是有些例外，參見下欄說明），然而，某些動物和昆蟲可以。許多水果、花朵和種子在紫外光下比可見光更能清楚地從背景突顯出來，因此像大黃蜂這類的昆蟲就演化出對紫外光敏感的受器。事實上，一種名為紋黃豆粉蝶（*Colias Eurytheme*）的蝴蝶利用紫外線作為通訊系統，雌蝶會展現出吸收了紫外線的斑點，吸引異性交配。

▶ 許多研究者相信，在各種昆蟲中，蝴蝶擁有的視力最為豐富，其中包括延伸到紫外線範圍的部分。例如，此張照片的紅色郵差蝴蝶（Red Postman Butterfly），眼睛演化出偵測紫外線光的特殊光受體——對紫外線光敏感的分子。紫外線敏感性不只能幫助蝴蝶辨認花朵、找到可吃的花蜜，還有助於辨認相同種類的其他蝴蝶，這種獨特的辨認機制，讓蝴蝶更容易找到可能的交配對象。

無晶狀體

水晶體和角膜實際上阻隔所有進入人類眼睛的紫外線光。然而，眼睛的視網膜還是具有對接近紫色可見光的紫外線光（「近紫外線」部分）敏感的光受體。因此，若是眼中缺乏水晶體（被稱為「無晶狀體」（Aphakia）的症狀），這些特化細胞就能被活化。某些無晶狀體的案例中，有人能偵測近紫外線光，看起來就像是白藍或白紫的顏色。有份報告指出，著名的印象派畫家克勞德・莫內（Claude Monet）在82歲時因為白內障摘除水晶體，成為無晶狀體。或許這讓他有能力看見紫外線光形式的「額外」顏色。

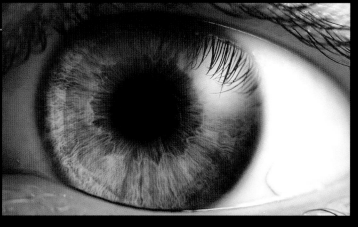

◀ 人類眼睛是在地球的特定條件下演化的結果，能利用可見光並阻擋更強力的紫外線光。然而，患有無晶狀體症狀的人，有可能偵測到近紫外線光。

◀ （左圖）蜜蜂將花粉從一棵植物散布到其他植物上，有助於植物的繁衍。大黃蜂具備能偵測紫外線光的感測器，讓牠們更容易找到花朵。例如，黑眼金光菊（Blank-eyed Susan Flower）（上圖）的花，在人類眼中看來好像只是單純的黃色花瓣。但對於蜜蜂而言，花瓣越接近底部的顏色越深，因此花蕊就像是靶心，能幫助引導蜜蜂找到花蜜。

◀ 哺乳動物大多無法偵測紫外線輻射，但馴鹿是少數例外。牠們有可能是因為向北遷徙而演化出偵測紫外線光的能力，因為大雪覆蓋的北方陸地會反射高比例的紫外線光。地衣和尿都能吸收紫外線光，所以在能偵測紫外線的眼中，看起來比雪或冰還暗。由於馴鹿相當仰賴地衣作為食物來源，所以聽來十分合理。但是尿又怎麼說呢？或許在生活環境中偵測一整片尿的能力，有助於警告馴鹿掠食者就在附近，或甚至可在尋找交配對象時為牠們提供線索。

亮白色與黑光

許多洗衣精含有名叫磷光體的化合物，這種化合物在紫外線光下看起來會發出藍白的光，某些磷化體能相當有效地讓白色衣物看起來特別白，這就是洗衣精常加入磷化體的原因，衣物柔軟精和其他類似的產品也用到它們。你的衣物在用過洗衣精後，就算用水沖洗，還是有磷化體殘留在白衣服上，讓衣服在紫外線光下看起來像在發光。

紫外線國度有個較不尋常的副產品——黑光。宴會與萬聖節鬼屋最愛的黑光，實際上是一種很有趣的科技。但是在討論更迷幻的黑光之前，我們先來看看螢光如何作用，因為它們是黑光的近親。

當水銀從液體變成氣體時，主要釋放出紫外線光。螢光燈泡的作用，就是讓電流快速通過裝有氣體、內含微量水銀的管子。當電流撞擊水銀時，就會釋放出光。為了讓螢光燈可用於照明，製造商在管子內面塗上另一種磷光體，它對紫外線會反應發出可見光。

然而，黑光燈有作用相反的不同塗層，會增加通過玻璃管的紫外線光量。黑光燈的塗層是深藍色，用以阻擋可能產生的任何可見光，增強刺激的效果。

▶ 蠍子是種具有螯和毒針的夜行性生物，在紫外光的照射下會發光，看起來比平常的模樣更加陰森。牠們為什麼需要發出螢光？研究蠍子的科學家尚未提出一致的肯定說法。有的理論認為蠍子需要讓獵物晃神，也有人說發出螢光可充當某種防曬功能，或是用於定位其他蠍子，但這些理論都沒有得到證實，且有許多漏洞。比較有可能的是，蠍子演化出對月亮反射的太陽紫外線光有所反應。

我們主要的紫外線光來源，也是帶給我們紅外線和可見光的同一來源——太陽。就跟其他類型的光一樣，紫外線光也可被切分成幾種，端看討論的主題或使用的領域為何。

誠如我們先前所提，紫外線通常依波長分類為近、遠或極紫外線。紫外線光也常常根據它對人類健康的影響而被標記，在這樣的分類中，UVA射線在紫外線範圍中的能量最低，通常對人體無害，不太容易造成曬傷，但有可能造成皮膚損害。UVB光是造成曬傷（最終導致皮膚癌）的元凶，讓紫外線指數升高的也是它。能量最高、也可能對地球生物造成最大傷害的是UVC光，幸好，這部分大多被地球的大氣層阻擋。UVA光可穿透多數的普通玻璃，但UVB和UVC就難以穿透。因此，透過窗戶曬太陽通常不容易造成曬傷。

臭氧是由三個氧原子組成的分子，在大氣層往上約12到19英里（20到30公里）那一層（平流層）可以找到，對於阻擋太陽的有害紫外線光特別有用。而在一九七〇年代後期，我們開始注意到南極洲上方的臭氧層「破洞」逐年增大，臭氧層破洞的擴大可歸咎於名為「氟氯碳化物」（Chlorofluorocarbon, CFC）的氣體，這種氣體常見於噴霧罐、冰箱和冷氣中。從注意到臭氧層破洞的那時起，多數國家已禁止使用氟氯碳化物。

然而，臭氧層破洞仍在大多無人居住的南極洲上方盤旋。有時，臭氧層破洞甚至大到延伸至南半球有人居住的地區，對那裡的居民造成真正的危害。大量的紫外線輻射也可能危及海裡的浮游生物和其他微小生物，因此破壞我們的整個生態系統。

▲ 你如何讓白變得更白？兩相對照的影像，讓我們分別看到在可見光（上圖）和紫外線光（下圖）下的洗衣精。許多公司在洗衣精裡添加會發螢光的磷光體，在你用它們的產品清潔毛巾和衣服後，陽光裡的任何紫外線光都會造成織品發光或發出螢光，讓它們看起來更白。

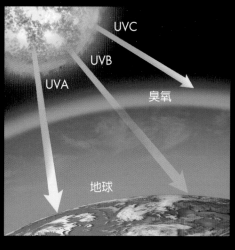

▲ 太陽產生的紫外線光，只有不到5%能通過大氣層的保護層——臭氧層。而通過的輻射線中，多數是UVA光的形式，另外也有些UVB光會來到地球。

▼ 這張影像呈現NASA人造衛星近期（自2006年9月起）在南極上方觀察到的最大臭氧層破洞。影像用代表色呈現，描繪出南極周圍臭氧最多的區域（綠色和黃色），以及往內朝向臭氧最少的區域（紫色和藍色）。

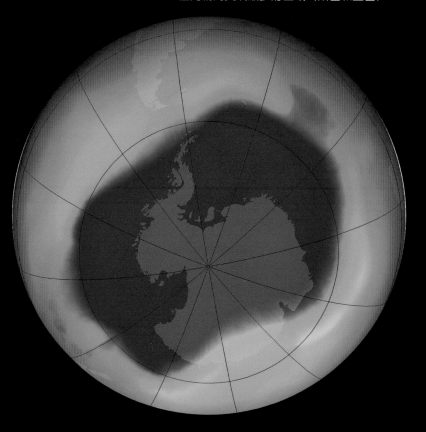

跨越光譜
螢光

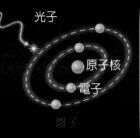
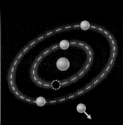

光子

原子核

電子

離子

光子

▲ 吸收一個光子的能量（或波長），可能造成再發射一個或更多較低能量（或波長較長）的光子。

當某樣東西吸收並且重新輻射出光時，科學家稱之為「光致發光」（Photoluminescence）。如果光進入原子後的重新輻射光持續了幾秒，就被稱為「磷光」（Phosphorescence）。然而，倘若物質立即（或在相當短的期間內，如零點幾秒）發散它新獲得的光，則被稱為螢光。

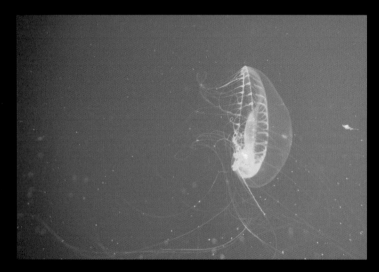

▲ 這隻水晶水母（Crystal Jellyfish）有生物螢光，這是一種發光的形式（參見第四章關於其他的發光形式）。水晶水母具有特別的綠色螢光蛋白（Green Fluorescent Protein, GFP），自從二十世紀中期在水晶水母身上找到綠色螢光蛋白後，它就成為生物醫學研究的重要工具，研究範圍包羅萬象，從失明到糖尿病都有。科學家可利用綠色螢光蛋白，為細胞裡各式各樣的蛋白質貼上無害且能在黑暗中發光的標籤，讓他們能看見原本看不到的蛋白質活動。請注意：這張照片裡的水母發亮的原因，並不是來自牠的生物螢光，而是因為照相機的閃光反射出水母的構造。一般而言，水母在自然條件下不會發光或閃爍，但是在受到刺激時才可能發光。

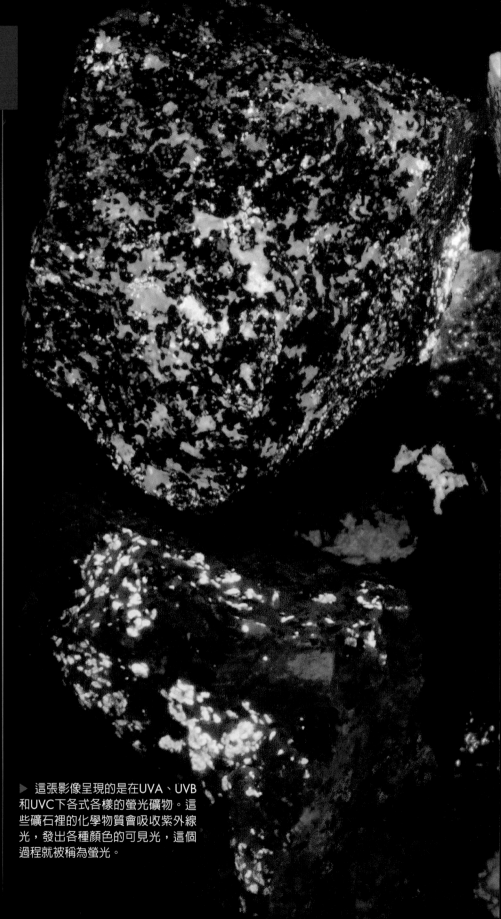

▶ 這張影像呈現的是在UVA、UVB和UVC下各式各樣的螢光礦物。這些礦石裡的化學物質會吸收紫外線光，發出各種顏色的可見光，這個過程就被稱為螢光。

十九世紀中期，劍橋大學數學系教授喬治‧斯托克斯爵士（Sir George Stokes）觀察到，螢石用紫外線光照射時會發光。斯托克斯認爲這是礦物本身的性質，並且將這個現象命名爲「螢光」。

今日我們知道，許多不同類型的物質以及電磁波譜中所有類型的光，都會發生螢光。當某些東西（生物、非生物、有機或無機）吸收光、然後再發出光時，就是產生螢光。

在多數情況下，發出的光波長較長，因此能量比吸收的光還低，請把它想像成剛從波長階梯往下走一階的光，這就是爲什麼談到紫外線光時，它的螢光對人類特有用。因爲紫外線光如果進入原子並發出螢光，出來的光通常會落在下一個類別──可見光。基於這個理由，紫外線光產生的再發射光（螢光），剛巧落在人類視覺可駕馭的範圍。

▼ 用螢光成像，讓我們能看到物體的獨特性質。我們從這張紫外線光的顯微影像（下圖），看到面紙的纖維。紫外線光藉由螢光照亮纖維。右圖是利用另一種顯微鏡學技術，染上紅色、藍色和綠色的螢光染料，呈現老鼠的一小塊視網膜。

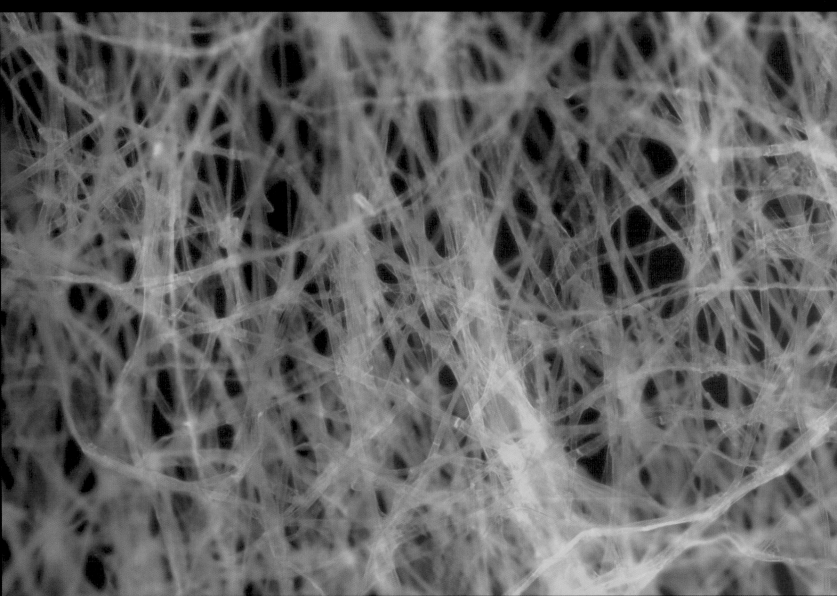

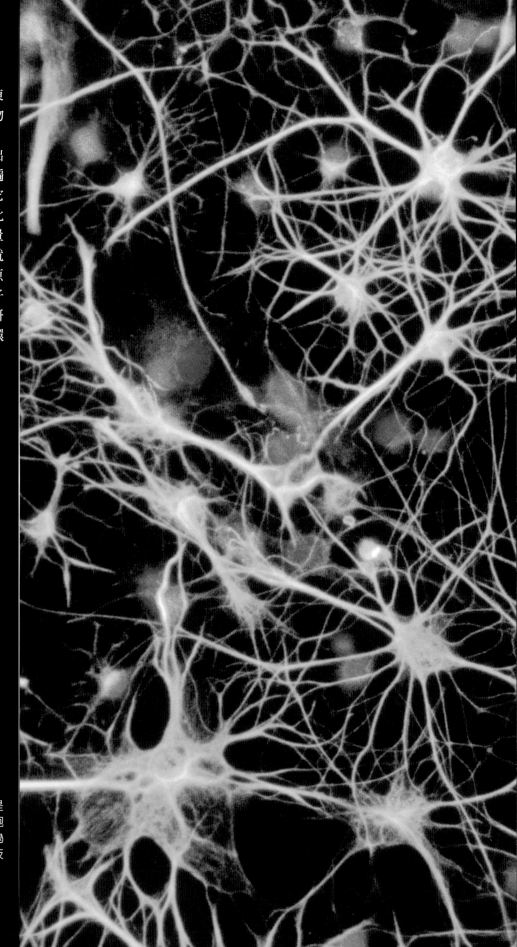

跨越光譜：螢光

螢光也有重要的實際應用，顯微鏡學（研究顯微鏡下的東西）有許多技術，就是利用在螢光下會顯現出來的某些生物體，科學家藉此更能區辨研究中的各種物體。

雖然我們通常把螢光跟可見光聯想在一起，但螢光也會出現在其他類型的光。例如，就拿黑洞附近的環境來說，與普遍看法不同的是，黑洞不會把周圍的一切都吸進去，事實上，它們會踢掉許多在附近旋轉的物質。黑洞的力量相當強大，因此噴出的物質會被加熱到幾百萬度，並且發出X射線光。高能量粒子或X射線光束把原子最內側能階的電子撞離時，發出的就是X射線螢光。這種情況會製造出不穩定的原子，緊接著，原子外層能階的電子往下跳入較低的能階，此時，帶有此一原子能量特徵的X射線就被釋放出來。科學家利用X射線望遠鏡研究這個現象，希望能更了解宇宙中某些奇特物體周圍的迷人環境。

▶ 星形膠質細胞是在脊髓和腦中發現的星狀細胞，事實上，它們是人類腦中最大量的細胞。這張星形膠質細胞的影像，每個細胞的細胞核都被染成藍色，而細胞質（填滿細胞的液體）則是染成綠色，為了做到這點，必須用到免疫螢光法的程序。免疫螢光法是一種染色技術，利用抗體將螢光染料貼附在特定組織與細胞裡的分子。

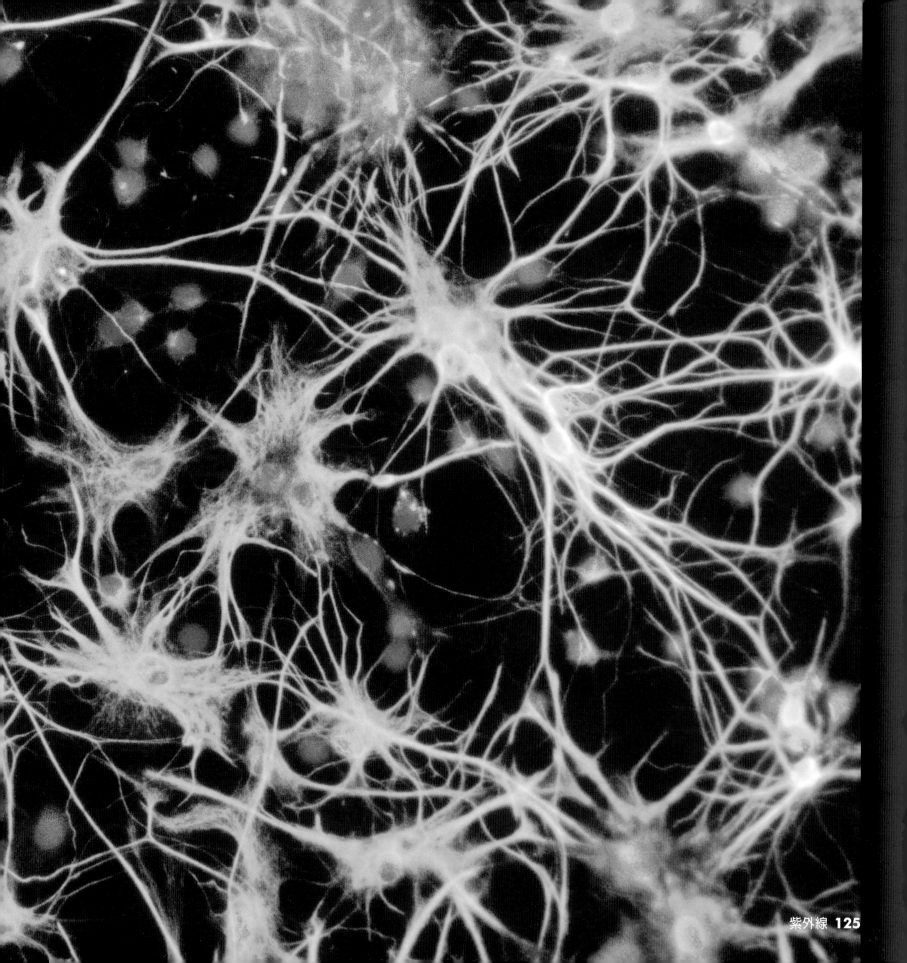

▶ 這幅示意圖解描繪當黑洞從繞行它的恆星那裡吸引物質時，在它周圍形成的盤。當黑洞附近熾熱氣體產生的X射線與遠處較冷氣體，以及塵埃裡的鐵原子碰撞時，就能產生X射線的螢光。

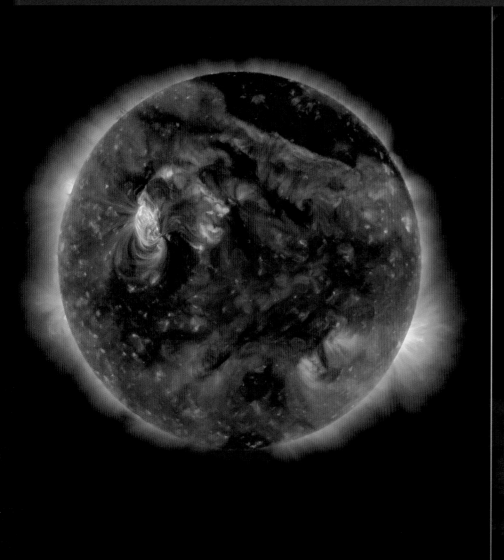

浩瀚宇宙

恆星（包括離我們最近也最珍貴的太陽）通常會連同其他類型的輻射一起釋放紫外線光。比較年輕的恆星，放出的紫外線光比老恆星多很多，因此科學家利用特別設計的望遠鏡，偵測整個宇宙的恆星所放出的紫外線光，以此估計各個恆星的年齡。大約50億歲的太陽算是中年，仍然發出大量的紫外線光。

▶ 科學家利用各種光研究我們最愛的恆星——太陽。NASA的其中一架太陽望遠鏡（太陽動力學天文台）利用四種不同的儀器，觀察唯一一種光——紫外線的各個片段（上圖）。太陽動力學天文台觀看的最高能紫外線光，是極紫外線輻射，這種光與太陽風暴有關（右圖），可能造成地球上的通訊混亂（手機收訊不良，甚至斷電），也會干

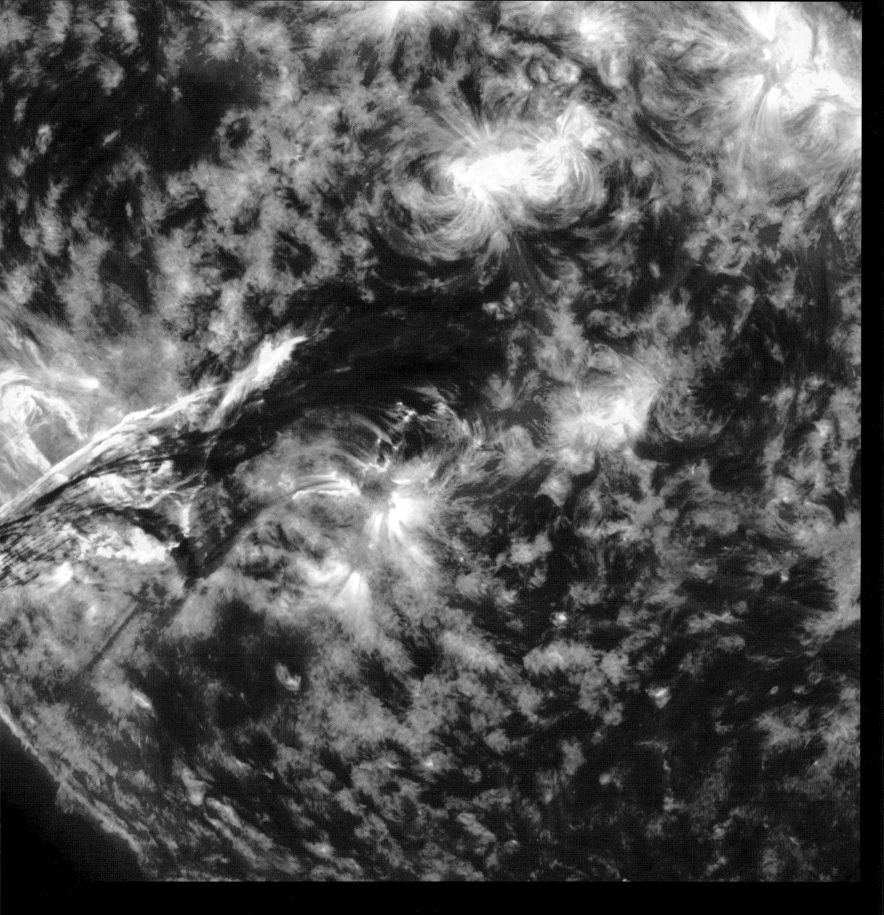

◀ 科學家利用卡西尼號（Cassini）太空任務中偵測紫外線光的儀器，觀測土星的組成氣體。每個顏色代表不同種類的氣體，而這些氣體實際上構成了整顆行星。

▶ 巨大恆星當燃料耗盡時就會爆炸。這張天鵝座圈（Cygnus Loop）的紫外線影像，呈現出五千多年前爆炸的恆星殘骸。發出紫外線光的氣體塵埃細絲，被爆炸期間產生的衝擊波加熱，仍然在向外移動。

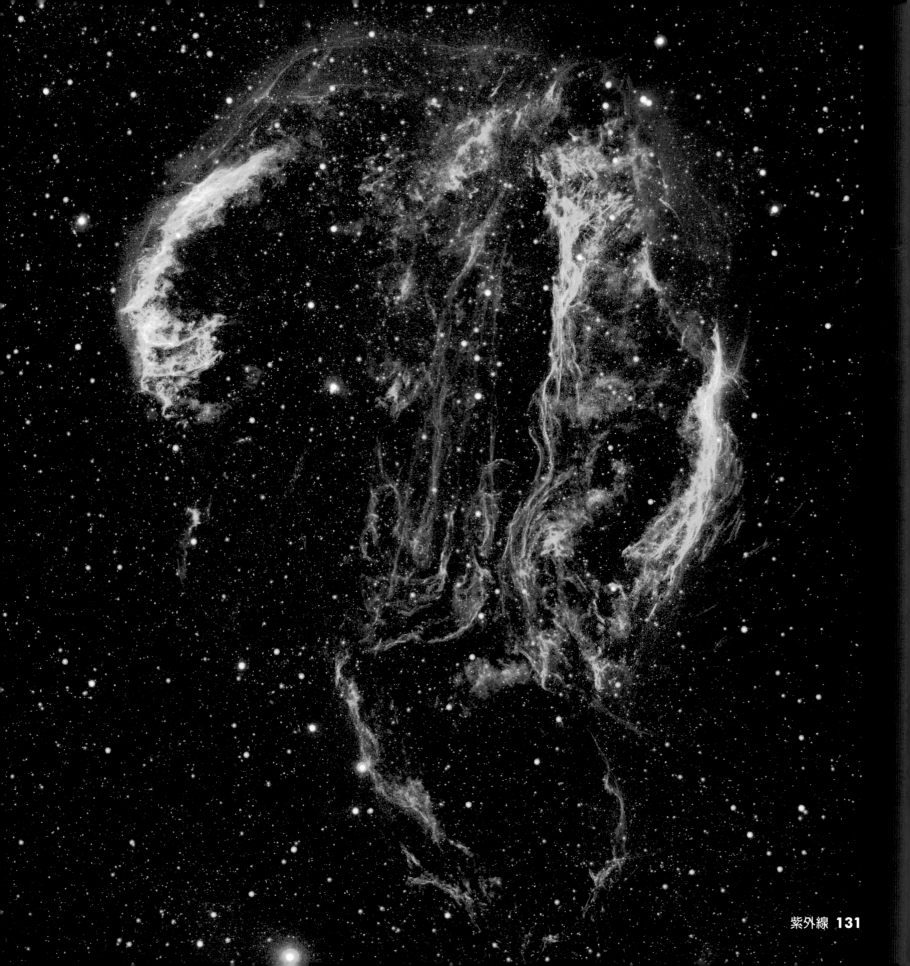

風車星系（Pinwheel Galaxy，官方名稱為M101）是個螺旋星系，距離地球大約2,100萬光年。這張影像包含四種不同的光，下圖分別呈現可見光（黃色）、X射線（紫色）、紅外線（紅色），以及紫外線（藍色）。NASA的星系演化探測器（Galaxy Evolution Explorer, GALEX）任務拍攝到的紫外線光影像，揭示出原本難以見到的年輕恆星存在。

仙女座（Andromeda）是接近我們銀河系的螺旋星系。天文學家利用紫外線光，可以發現不同的結構。在這張影像中，其中一段紫外線光帶用藍色表示，呈現出螺旋臂上明亮的年輕恆星所釋放的光。另一片段的紫外線光則塗上橘色，讓我們看到星系核心中較老、較冷的恆星。

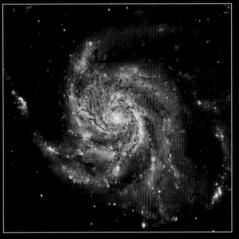

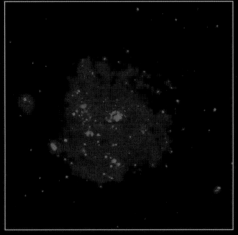

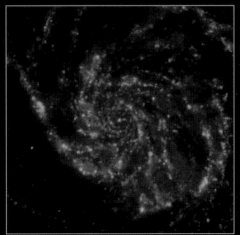

X射線

就人類眼睛看不見的光類型來說，X射線能讓我們「看見」的竟如此之多，確實令人訝異。因為X射線獨特的穿透能力，讓我們能看穿許多原本不透明的東西。

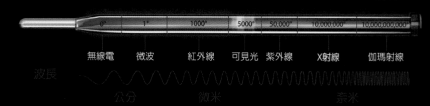

點亮一切

| 無線電 | 微波 | 紅外線 | 可見光 | 紫外線 | X射線 | 伽瑪射線 |

波長

公分　　　微米　　　奈米

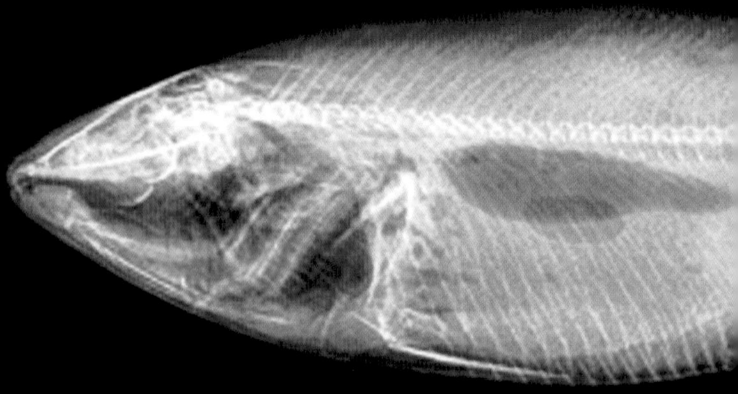

波長（cm）：10^{-5}到10^{-9}
波長範圍大小：原子
頻率（Hz）：3×10^{16}到3×10^{19}
能量（eV）：10^2到10^5
到達地球表面：沒有
科學儀器：美國太空總署的錢德拉X射線天文台（Chandra X-ray Observatory）、牙醫的X光機

X射線的亮點：
◉ 非常高溫（攝氏數百萬度）的物體產生。
◉ X射線光子攜帶的能量，是可見光光子的數百到數千倍。
◉ 雖然X射線可以通過地球上的許多物質，但來自太空的X射線會完全被地球的大氣層吸收。

▼ 由於X射線是人類無法看見的光類型，因此在我們的眼中沒有固有的顏色，如果X射線需要用顏色編碼，添加的顏色必須作為科學或視覺化的額外訊息。這張鱷魚和魚的X光影像，是用兩張不同的X光影像做藝術合成，並且用假色來區別兩種生物。

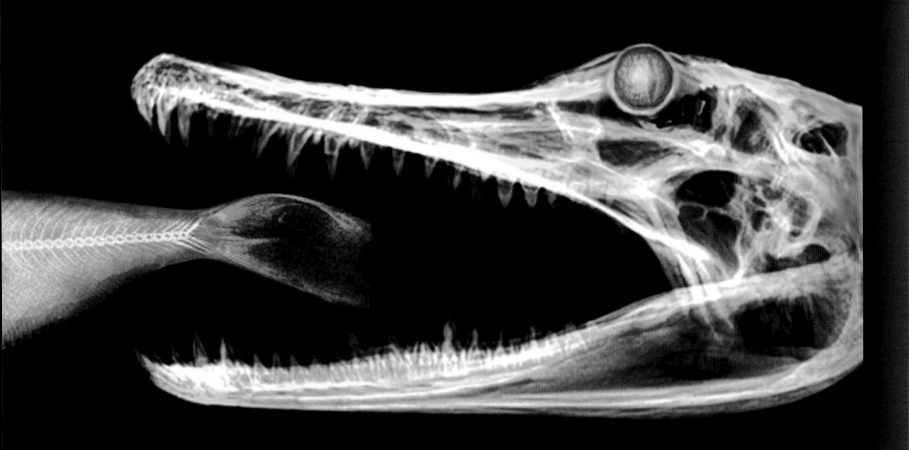

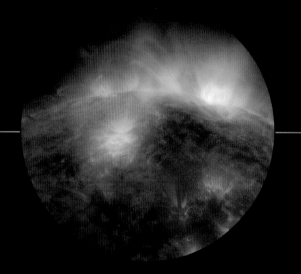

光裡的一天

醫學X射線成像（傳統的X光以及電腦斷層掃描（CT）與核磁共振造影（MRI））的進展，為健康照護提供了侵入更少、但效果更好的工具。我們在機場也看得到X光機器，主要是用來掃描行李，有些機場也用來掃描旅客。

我們的太陽會釋放許多不同類型的光。科學家透過研究太陽發出的高能量X射線，對於太陽黑子（太陽表面上低溫、深色的斑點）如何作用有更多了解。這張影像出自NASA的兩次任務，X光拍攝的藍色和綠色，代表溫度極高（超過華氏三百萬度）的熾熱氣體，紫外線光下的紅色，顯示華氏一百萬度左右的物質。

發現X射線的榮耀，通常是歸功於德國的物理學家威廉・侖琴（Wilhelm Röntgen），他在1995年似乎意外地製造出X射線。在進行電子束通過裝了氣體管子的實驗時，侖琴注意到只要管子一通電，後方的螢光屏就會開始發光。侖琴將他的發現稱為X射線，因為除了能量很高以外，他也不知道這是什麼。之後，他用感光板進行實驗，終於拍到人體部位的影像，這就是現代X光的前身。然而，再經過幾十年後才發現X射線對人類的有害影響。

◀ 1895年，德國物理學家威廉・侖琴在使用充滿光和電流的玻璃管進行實驗時，發現了X射線。侖琴花了好幾年探究這種新形式的光，並且稱它為「X射線」，象徵它的未知本質。雖然侖琴沒有把他發現的光用自己的名字命名，但後來的科學家使用了「侖琴」（Röntgen）作為測量輻射的單位。

▶ 如果你吃過龍蝦，就會知道龍蝦的殼有多麼難剝。然而，X光可以穿透蝦殼，讓你看清楚殼裡面有什麼。

瑪麗・居禮

1867年出生於波蘭（Poland）的瑪麗・居禮（Marie Curie）（成年後多數時間住在法國，1934年於法國逝世），是物理學家、化學家。她和丈夫暨研究伙伴皮埃爾・居禮（Pierre Curie）在1903年共同（連同亨利・貝克勒（Henri Becquerel））獲得諾貝爾物理學獎。三年後，皮埃爾在交通事故中意外身亡，但瑪麗在1911年又得到第二座諾貝爾獎，這次是化學獎項。除了在放射與化學領域獲得諾貝爾獎的研究，瑪麗・居禮還有另一項功勞：第一次世界大戰中，法國軍隊使用的可移動式X光機，就是她發明出來的。她尋找並組織能改造成提供X光的車輛，然後將這些車送往前線的軍隊，在1917和1918年，這些可移動式裝置為受傷的士兵們拍攝超過一百萬張X光片。

牙醫、醫生和機場

在侖琴發現X射線的一百多年後，我們去看牙醫或不小心進急診時，都經常遇到X光機。醫療X光機由兩個基本部件組成：產生X射線的機械，以及能偵測X射線的相機、底片或其他儀器。當你想穿透身體部位、看到內部的骨頭結構時，就將這個部位放在產生X射線的機器和捕捉X射線的儀器之間。

因為骨頭比肌肉組織密實，所以阻擋的X射線較多。皮膚和血液比起肌肉來說較不密實，所以X射線可輕易地穿過它們。由於較密的骨頭會阻擋較多的X射線，所以會在後方的底片產生陰影。如果骨頭上有裂縫（例如骨折），就會在較暗的骨頭上出現明亮的紋理。

醫院裡的電腦斷層掃描（**Computer Tomography Scan, CT Scan**）也有X射線。這項診斷工具，是讓病人躺在床上，慢慢通過一個甜甜圈形狀的管子，X射線光源同時在周圍轉動。每當X射線光源轉完一圈，電腦就重現一張二維的影像。而這一張張的影像能堆疊起來，最後製成顯示身體特定部位狀況的三維圖片。

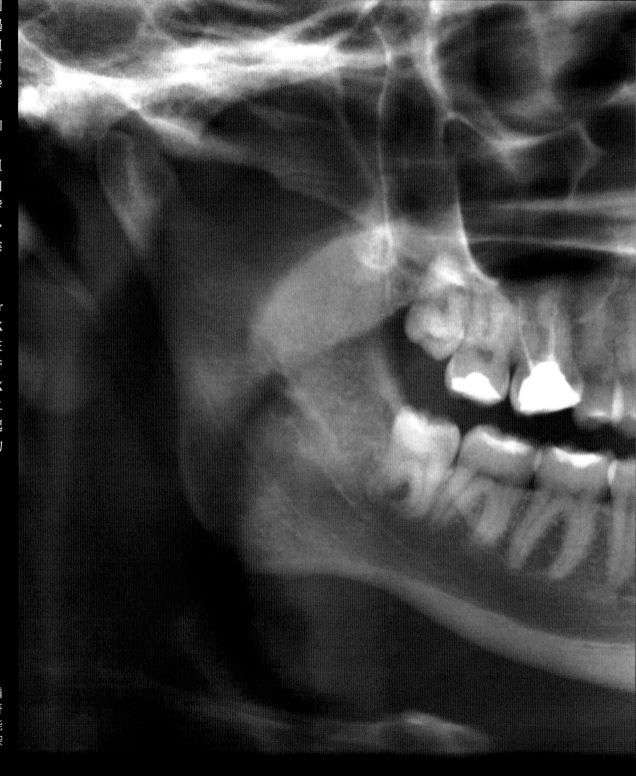

▷ X射線可在侵入性低的情況下，讓我們看見人體「內部」，例如像這樣一組成人的牙齒X光片。牙科X光片裡的亮白點，很有可能是補過牙的位置。補牙周圍或牙齒內部的深色陰影，大多代表蛀牙。

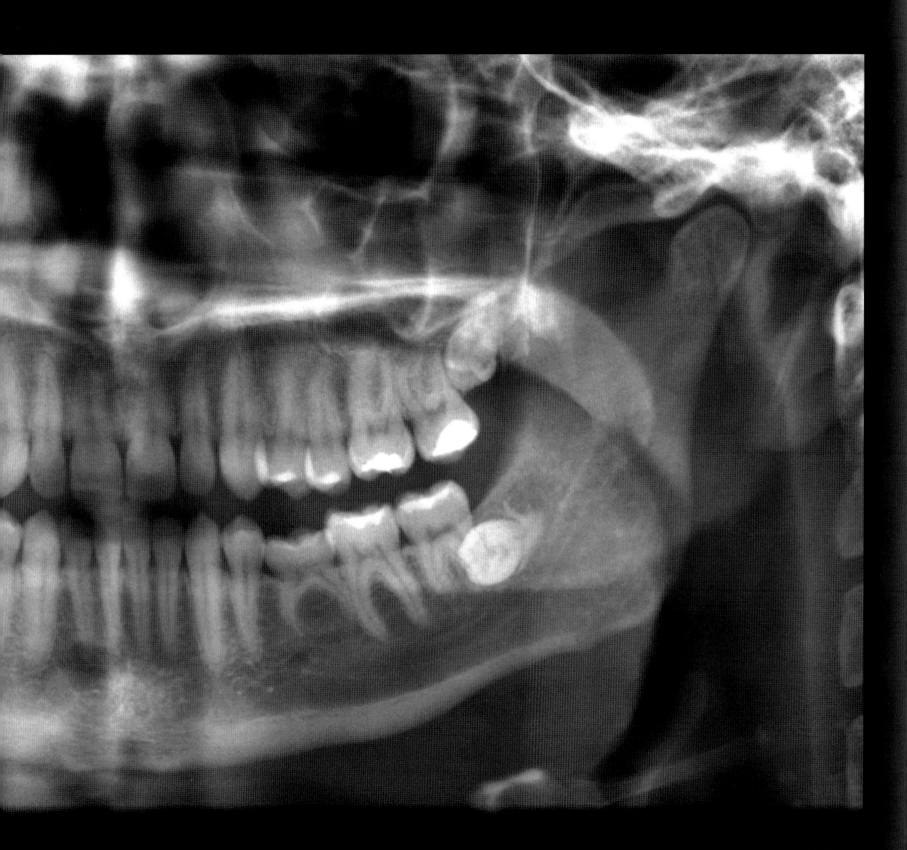

醫生也會在其他的重要醫學領域使用X射線，如破壞癌細胞。因為X射線攜帶的能量相當強大（就像伽瑪射線和某些紫外線光，X射線也是一種「游離」形式的光），所以能破壞有害細胞裡的分子鍵。癌症療法的放射治療，使用的其中一種光就是X射線，這種技術能非常有效地殺死癌細胞，但也有可能傷害健康的細胞，因而使用時必須特別小心。

除了醫療用途，我們也經常在機場通過安全檢查時遇到X光。雖然許多機場因為前述原因而逐步淘汰對旅客進行X光掃描，但還是經常用它來檢查行李。當你把手提箱或背包放上輸送帶時，有個機器會發送X射線穿過它們，X射線穿過物品到達偵測器，然後再繼續通過特別設計的濾器。

藉由比較通過行李的X射線有多少以及能量為何，監看顯示器的安全人員能辨別行李箱裡的許多東西。例如，X光的訊息能很快顯示物體是有機、無機，或是金屬。偵測金屬物品的能力，對於找出傳統的槍枝或炸彈特別有用。許多爆裂物是用有機材料製成（像是某種氮和氧的混合物），因此透過X光掃描認出它們，這對機場的安全人員來說相當重要。

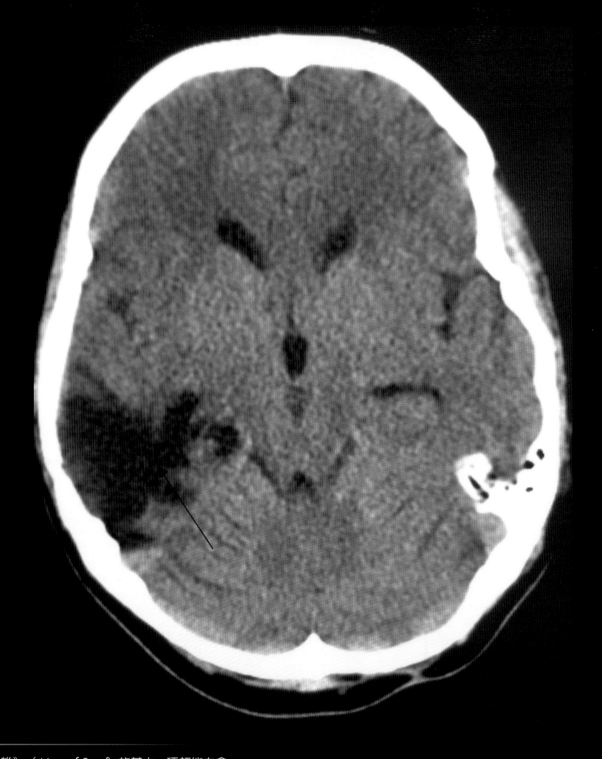

▲ 利用X光掃描病人腦部來得到影像，是醫生的重要工具，能幫助他們更了解受傷的範圍、計畫手術，或判定是否需要侵入性較低的處理。此張CT掃描圖片，呈現的是腦部重傷的病人在經過數年後的一片大腦切面，顏色較深的區域大多顯示受損的位置。

超人的X光透視眼

小孩（甚至是大人）最常得知X光的來源之一，就是出自「超人」的故事，除了速度比子彈還快這類的事蹟，超人還以一雙「X光透視眼」著稱。因為在創造這個角色的一九三〇年代，X射線還相當新穎並且被視為奇蹟，所以不難想像為什麼《超人：鋼鐵英雄》（Man of Steel）的其中一項超能力會跟X射線有關 —— 超人會從眼睛射出X光，讓他能看穿建築物等東西。當然，如果根據物理定則，超人需要在X光束的另一側有個偵測器，才能捕捉影像，但同樣的，如果超人受制於科學法則，也不可能飛上天。

機場的安全人員受過訓練，能看懂旅客行李箱的X光掃描影像，據此辨認爆裂物、武器，或其他可疑物品。

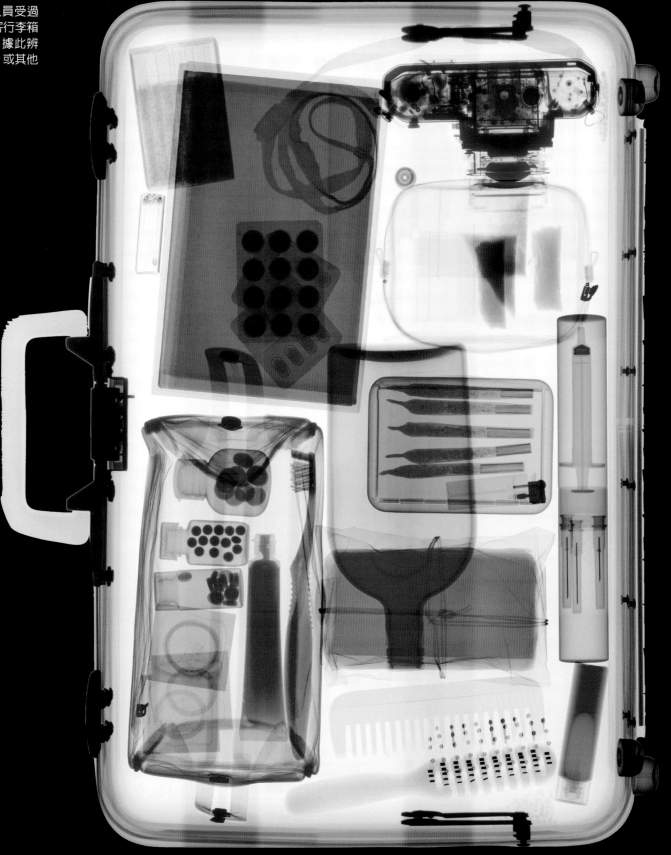

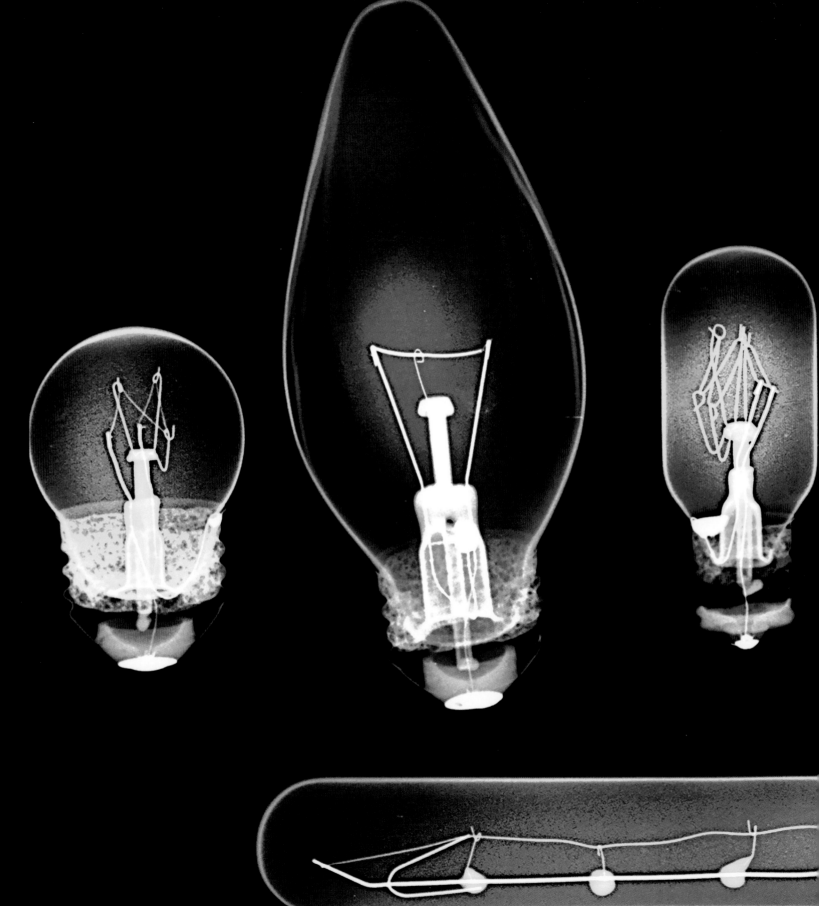

當你對著燈泡發送X射線會發生什麼事呢？X光機拍過的顯影底片中，燈泡的影像比照片的其他部分明亮。這張藝術作品，是將六個不同的燈泡放入醫療X光機拍攝。然後藝術家再把各個燈泡彩繪顏色，創造出想要的效果。

超凡的揭示能力

除了這些比較常見的應用，X射線在我們探索周遭世界——從巨觀到微觀方面，也扮演極其重要的角色。讓我們先從最微小的開始。結果證明，X射線是最適合用來觀看晶體內部的光，藉此可判定原子和分子的位置。這項名為X射線晶體學的技術，主導了二十世紀最重要的一項發現——DNA的雙股螺旋結構。

首先，讓我們來看看X射線為何在這個領域如此重要。為了了解原子等級的事，我們使用的光，波長必須是原子的兩倍。可見光、紫外線和電磁波譜上其他能量較小的光，波長全都太長，無法看見任何原子等級的事物。至於在電磁波譜的高能量那端，伽瑪射線的波長確實很短，但是它們很難產生，並且也很難聚焦；此外，伽瑪射線的能量太高，可能會輕易地改變科學家想觀察的原子和分子的結構。

X射線晶體學從二十世紀最初就開始被使用，這項技術幫助科學家繪製許多物體的結構——從鹽和金屬到礦物和半導體。這種技術是用一束X射線擊中晶體，藉由分析X射線通過晶體後的角度和強度，科學家能製造原子等級的晶體內部結構三維圖片。

1952年，英國倫敦國王學院（King's College London）的科學家利用X射線晶體學相關的技術，拍攝到首張DNA的X光影像。這位科學家是三十二歲的羅莎琳・富蘭克林（Rosalind Franklin）。她的X射線實驗證明，DNA（攜帶人類和其他多數生物遺傳訊息的分子）看來像是螺旋的形狀。其他的英國科學家，包括詹姆斯・華生（James Watson）和弗朗西斯・克里克（Francis Crick），獲知富蘭克林有關螺旋的未發表資料並據此擴展，他們加入另一個觀點——DNA有兩個相連的結構組成螺旋，其中一股向上、另一股向下。雖然過後有許多同儕向富蘭克林致上謝意，但關於這項發現她卻從未獲得最高的認可，像是諾貝爾獎就只頒給詹姆斯・華生和弗朗西斯・克里克。

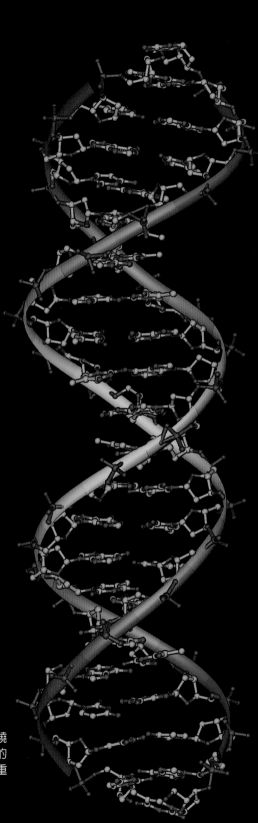

▷ 去氧核糖核酸（常寫為DNA）的結構是繞著核心的螺旋。X光繞射（或X射線晶體學）藉由照射晶體樣本的X射線，判定分子內部的結構。在破解DNA分子的雙股螺旋結構方面，X光影像扮演相當重要的角色。

▲ X射線晶體學的前幾步驟之一是製造晶體，如這些蛋白質晶體。當一束X射線擊中晶體時，它會像池塘裡的波一般繞射。藉由研究繞射模式的角度和強度，研究者能製造晶體內原子密度的三維圖片。

▷ 羅莎琳・富蘭克林拍攝的X光影像，是利用X射線照射人類的DNA，然後X射線從分子內部結構向外彈跳（或說繞射），在感光板上產生一個圖樣。有了結構的視覺證據（左圖），科學家更容易判定DNA是否為三股或雙股螺旋。羅莎琳・富蘭克林（中圖）正在用她的顯微鏡進行這種技術。多年來，發現雙股螺旋模式的殊榮都歸於詹姆斯・華生和弗朗西斯・克里克（右圖），然而羅莎琳・富蘭克林的貢獻卻被嚴重忽略。

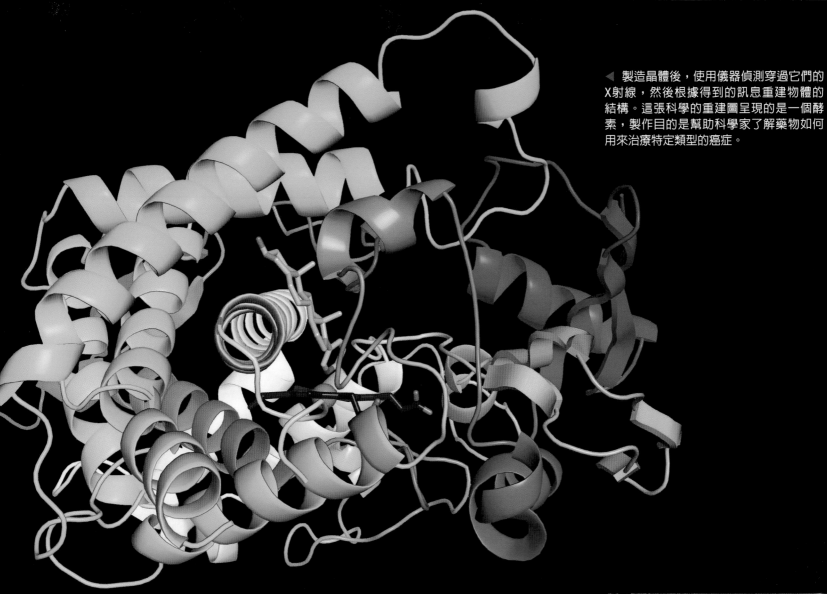

製造晶體後，使用儀器偵測穿過它們的X射線，然後根據得到的訊息重建物體的結構。這張科學的重建圖呈現的是一個酵素，製作目的是幫助科學家了解藥物如何用來治療特定類型的癌症。

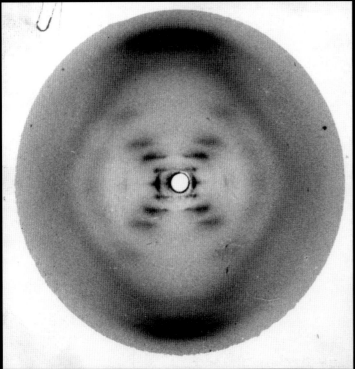

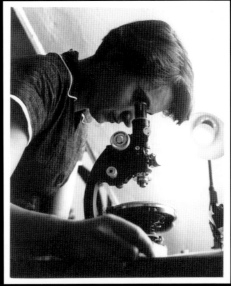

雖然X射線向來對探究極微小的物體相當重要，但在探索難以想像的大東西上也很有幫助。X射線望遠鏡在宇宙的研究中是無價之寶，當物體非常熾熱或能量很高時，通常會發出明亮的X射線。其中包括來自爆炸恆星的碎片、巨大的過熱氣體庫，以及黑洞周圍成漩渦打轉的物質。

然而，科學家必須等到太空時代來臨，才有機會使用X射線觀察宇宙，因為地球的大氣層會吸收來自太空的X射線。在一九六〇年代，科學家開始發射搭載於氣球，然後是人造衛星的儀器，希望能用X射線

一窺太空中發生的事。今日，美國太空總署和歐洲太空總署都有價值數十億美金、專門使用X射線觀察宇宙的天基望遠鏡，讓我們有機會看到難以置信的美妙奇特物體和現象。

身為地球的子民，我們應該感激大氣層阻擋來自太空的X射線。誠如先前所提，X射線的能量極高，意思是X光能敲出電子而「游離」原子，並且會破壞分子鍵，如果被破壞的分子鍵是在人體的組織裡，人類或其他生物的健康就可能發生嚴重問題。

▼ 我們研究來自太空的X射線，作法跟使用地球上的X射線不同。在醫院裡，機器發出的X光穿透身體部位，然後相機記錄到達底片或偵測器的X射線。在太空中，宇宙物體（例如星系、黑洞附近的物質或爆炸的恆星）就像是醫療機器的X光源，自己會發出X射線。在地球上方繞行的X射線望遠鏡，就像是X光機裡的相機，收集並記錄照進來的宇宙X射線。

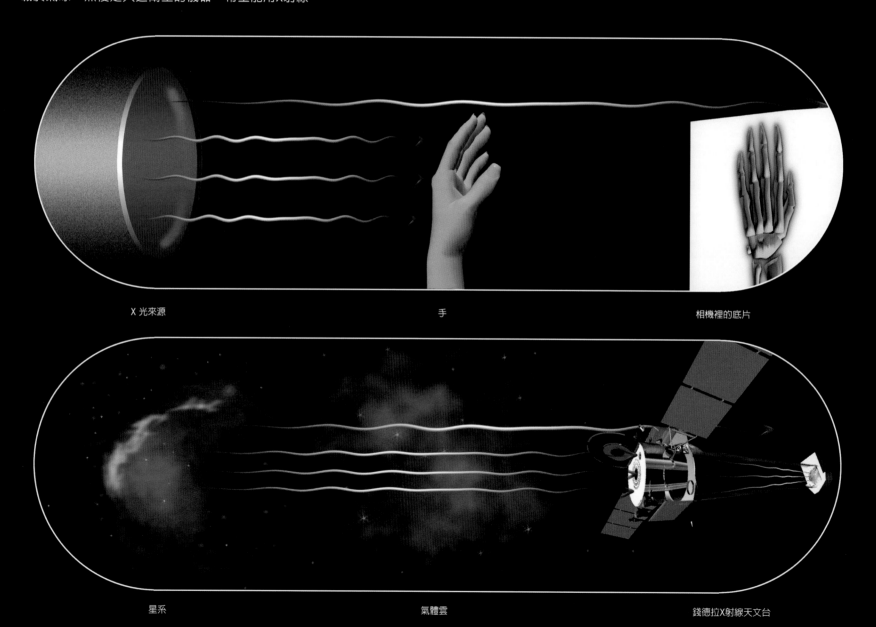

X 光來源　　　　　　　　　　　　手　　　　　　　　　　　　相機裡的底片

星系　　　　　　　　　　　　氣體雲　　　　　　　　　　　　錢德拉X射線天文台

這些圖呈現太空中兩個主要的X射線天文台：歐洲太空總署的XMM牛頓X射線天文台（XMM-Newton）（上圖），以及美國太空總署的錢德拉X射線天文台（下圖）。兩架望遠鏡都在1999年發射，目的是研究高能量的宇宙，從爆炸的恆星和碰撞的星系到黑洞與星系團。

跨越光譜
原子碰撞

原子是物質的建構元件，它們不斷地動來動去，即使看來是固體的東西（例如桌子或石頭），都是由這些微小系統組成。有時，速度超快的原子會彼此碰撞，當碰撞發生時，能量便從一個原子轉換到另一個原子，多出來的能量，可能以光波的形式從原子互撞大賽中發射出來。

雖然原子碰撞是自然發生，但人類已經知道如何利用這個現象，最好的例子是什麼呢？看看拉斯維加斯（Las Vegas）吧！除了聞名於世的賭城和大型表演，或許還應該頒給拉斯維加斯另一個新的名號——原子碰撞大秀之都。

拉斯維加斯大道（Las Vegas Strip）沿路不勝枚舉的霓虹燈（Neon Sign），就是原子碰撞中的絕佳範例。霓虹燈的原理，是電流快速穿過充滿氣體（通常是氖）的玻璃管，因此得到能量的電子和原子，彼此會發生碰撞，原子在碰撞後釋放新近轉換的能量時，不同類型的原子會各自釋放特定的顏色。製作霓虹燈的人，利用不同的原子，能創造任何喜愛的燈管顏色。

原子碰撞也負責製作地球上最宏偉的燈光秀——極光，又可稱為北極光（在南極也會出現，但幾千年來少有人住在那裡），其相當地壯麗驚人。當太陽發出的帶電粒子流進入地球的磁場線與大氣層中的原子相碰撞時，就會產生極光。

這種過程可能產生不同形式的光，舉例來說，大質量恆星爆炸時會產生衝擊波，急速進入現在已死的恆星周圍的星際氣體。衝擊波也會加熱恆星拋出的物質，讓溫度飆升到數百萬度，這些過熱氣體，以不同波長的X射線釋放多數能量。

▶ 物質的建構元件——原子，會不斷地動來動去，在室溫下以每小時數千英里的速度移動，而在超新星激震波後的時速更高達數百萬英里。當原子發生碰撞時，釋放的能量會產生壯麗的光。

這張在阿拉斯加（Alaska）拍攝的照片（左圖），是稱為「極光」的著名光秀，我們更常聽到的稱呼是在北半球的北極光。極光裡出現的眾多顏色，是不同的原子受碰撞後，激發能量而發出的顏色。例如，氧可以發出黃綠色或是紅色的光；氮通常發出藍色的光。這張北極光的照片（下圖），拍攝於美國愛荷華州的德梅因（Des Moines）。第152到153頁的畫面是從地球上方觀看北極光的景色，這是由國際太空站的太空人所捕捉到的影像。

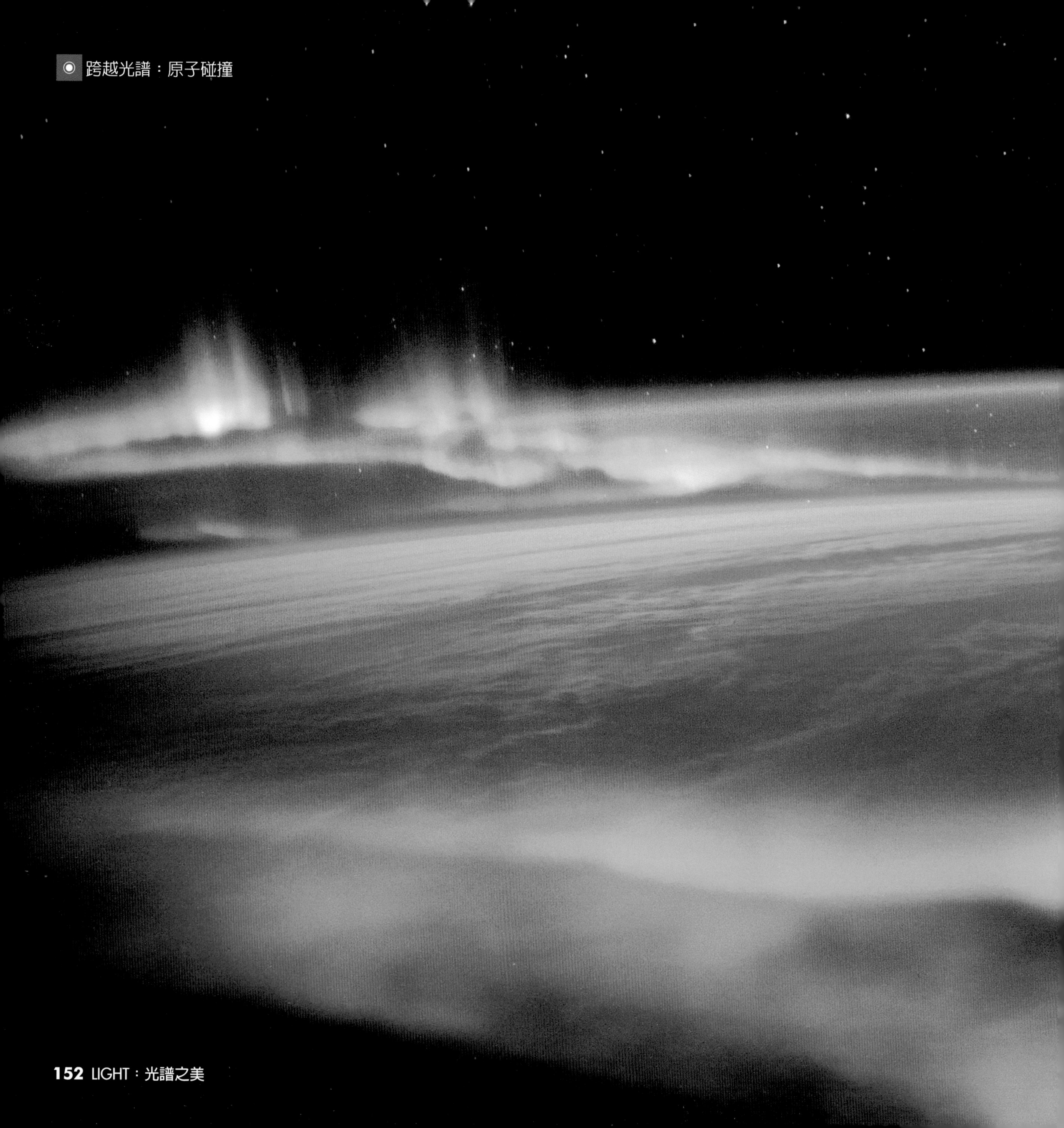

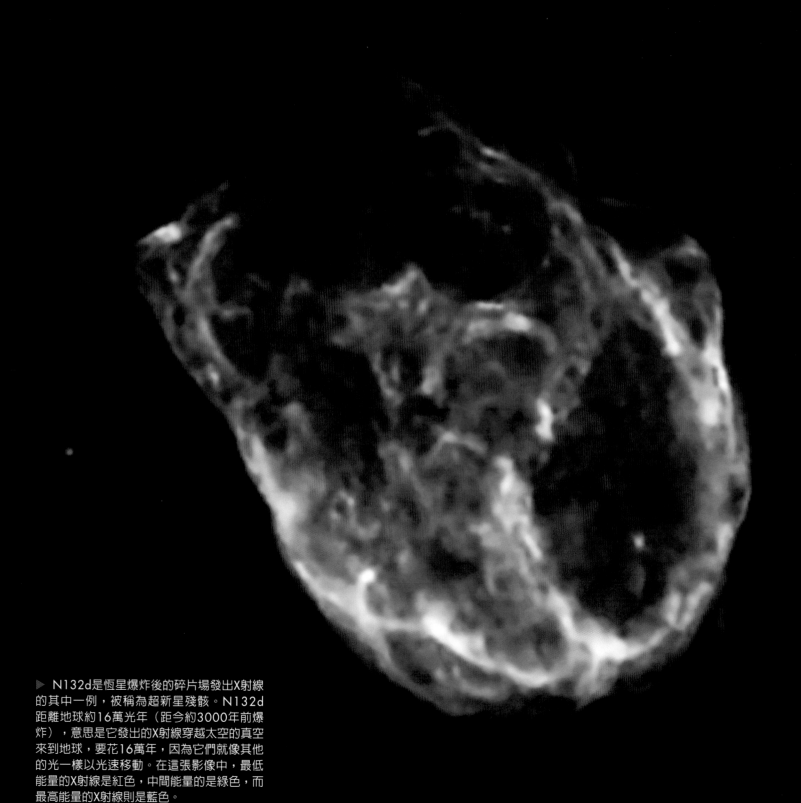

▶ N132d是恆星爆炸後的碎片場發出X射線的其中一例，被稱為超新星殘骸。N132d距離地球約16萬光年（距今約3000年前爆炸），意思是它發出的X射線穿越太空的真空來到地球，要花16萬年，因為它們就像其他的光一樣以光速移動。在這張影像中，最低能量的X射線是紅色，中間能量的是綠色，而最高能量的X射線則是藍色。

浩瀚宇宙

雖然地球上少有自然來源會發出X射線，但在太空中卻有大量的X射線來自各種物體，包括黑洞周圍的盤、爆炸的恆星，以及內含大質量熱氣體雲團的星系團。

▷ 當我們抬頭仰望夜空時，看到的大多是呈現亮白光點的恆星。拍攝右上圖影像的望遠鏡，偵測的光跟我們眼睛看見的相似。然而科學家明白，宇宙的廣大豐富，不是我們的肉眼所見能夠比擬。天文物理學家利用偵測X射線的望遠鏡，研究生命的必要元素（我們骨頭裡的鈣和血液裡的鐵等等），這些於恆星內部的元素，在恆星爆炸時衝向星際太空。中間影像加入爆炸恆星發出的不同X射線光帶，各種顏色分別描繪氧、鎂、矽和硫的所在之處。下圖是將X射線影像放大，這顆特別的爆炸恆星含有大量的氧，是我們生命所需的重要元素。

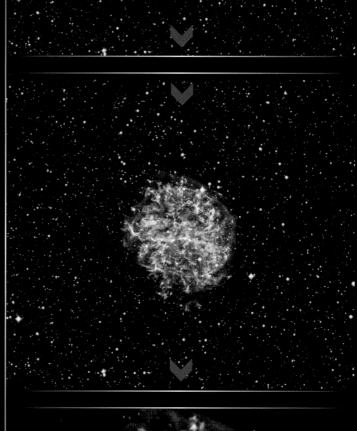

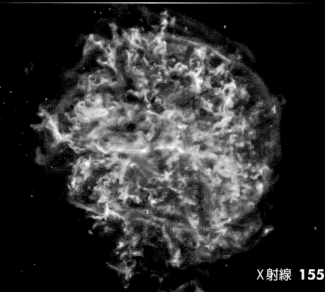

▲ X射線對於了解黑洞極其重要。雖有無所不吸的名聲在外，但黑洞實際上不會把附近的一切都大口吞入，相反的，常有物質在黑洞四周打轉，就像水在排水口周圍轉圈圈。然而，這些物質被加熱到數百萬度，發出X射線光。天文學家研究這些物質的行為表現，可以獲悉大量有關黑洞的不同事跡——從它們的大小到它們最終吸進多少物質。就像多數的星系一般，銀河系的中央也有個巨大黑洞，這張利用X光拍攝的影像，就是這個黑洞周圍的區域，距離地球好幾兆英里遠。

▶ 星系團是整個宇宙中最大的結構，一個星系團可能內含數百、甚至數千個星系，整個聚集浸在非常稀薄、熾熱、發出X射線的氣體中。有時，這些宇宙巨人會發生碰撞，就像照片裡的胖子星系團（El Gordo），碰撞產生的力量之大，足以將熾熱氣體（粉紅色）從星系團裡的暗物質（藍色）中扯出來。利用X射線望遠鏡的研究，能幫助天文學家更了解暗物質──宇宙中的主要形式，但我們卻了解不足的神秘物質。

▲ 相當靠近黑洞的物質，除了落入黑洞周圍的盤，有時會以光束的形式向外衝去，科學家稱之為「噴流」（Jet）。它們有時可以綿延數百萬，甚至數兆英里。這張X光拍攝的半人馬座A星系影像，呈現出噴流以接近一半的光速從星系中央的黑洞離開。除了X射線，這些噴流也能釋放像微波、可見光等等的光（可參見第二章第61頁有關這個影像結合微波、可見光和X射線的版本）。

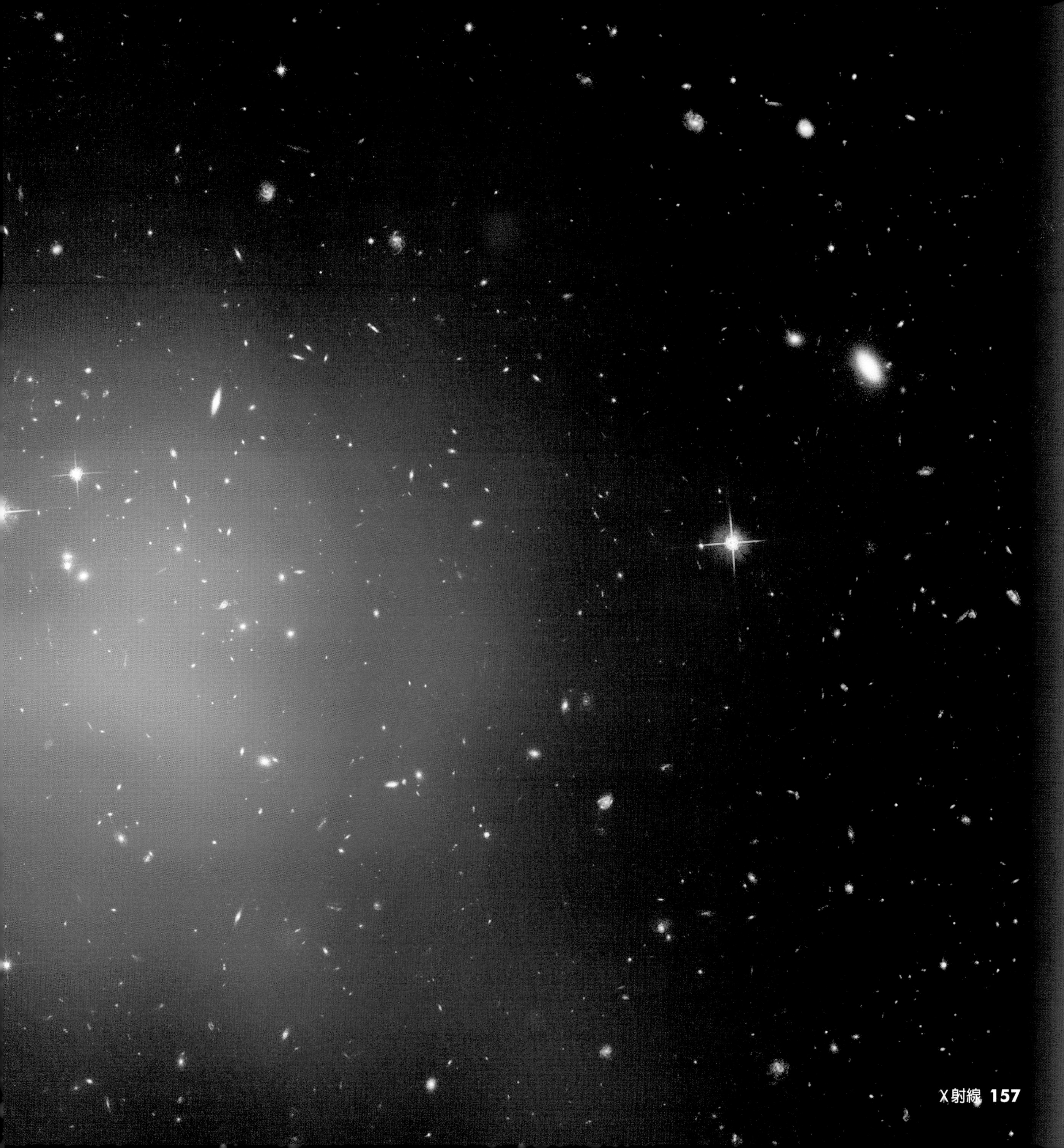

伽瑪射線

伽瑪射線是這趟電磁波譜之旅的最後一站。坦白說，它們真的相當極端，伽瑪射線是能量最強的光，它們帶著整個宇宙的訊息，還能告訴我們有關人類的身體。它們既致命無情，又同時令人敬畏。

點亮一切

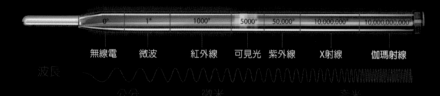

溫度

| 0° | 1° | 1000° | 5000° | 50,000° | 10,000,000° | 10,000,000,000° |

無線電　微波　紅外線　可見光　紫外線　X射線　伽瑪射線

波長
公分　　　微米　　　　　奈米

波長（cm）：$< 10^{-9}$
波長範圍大小：原子核
頻率（Hz）：$> 3 \times 10^{19}$
能量（eV）：$> 10^5$
到達地球表面：沒有
科學儀器：感測器、伽瑪射線偵測器、殺菌設備

伽瑪射線的亮點：
◉ 能量最強的光。
◉ 波長小於十兆分之一公尺。
◉ 通常由核反應或粒子加速這類極端事件製造出來。

由於伽瑪射線的波長相當短，所以多數被地球的大氣層吸收。然而，我們還是能從地面研究能量極強的宇宙伽瑪射線有何影響，作法是利用特殊的望遠鏡，偵測伽瑪射線與大氣層碰撞時產生的粒子。西班牙加那利群島（Canary Islands）的大氣伽瑪切倫科夫成像望遠鏡（Major Atmospheric Gamma-ray Imaging Cherenkov, MAGIC，又稱為「神奇」望遠鏡），就是這樣的望遠鏡，能用來研究許多宇宙現象，例如黑洞和閃閃發出許多種光的星系中央。

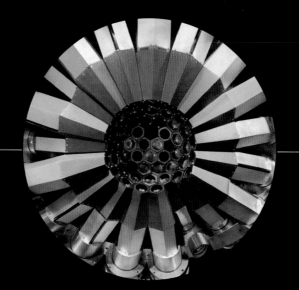

光裡的一天

有些兒童是從經典漫畫《無敵浩克》（*The Incredible Hulk*）中第一次知道伽瑪射線。漫畫（以及後續的電視影集和電影）中，物理學家布魯斯・班納（**Bruce Banner**）博士受困在核子試驗區，爆炸放出的伽瑪射線讓他變身成非常強壯、巨大，而且還相當憤怒的綠色變種人。我們在生活中比較可能接觸到的伽瑪輻射，是透過醫學檢測、治療，或是間接遭到閃電電擊（就算如此，還是不可能變成強大的綠巨人）。

自二十世紀最初發現伽瑪射線起，科學家就對它深深著迷，幾乎從一發現，科學家就意識到這種強力的光可能是由放射性元素產生。當不穩定的原子核以粒子或光子的形式放出能量時，會出現放射性衰變，伽瑪射線就是放射性衰變的副產品。

在世界急著將新發現的原子力量變成武器的年代，伽瑪射線被推上了最前線。二次大戰期間和戰後時期，原子能成為控制核武的國家解決安全問題的手段，而原子的力量也被宣告為新的能源，可以無限提供家庭、汽車，甚至人工心臟等一切的能量。

然而，放射性元素與其在武器和發電廠上的應用，還是存有潛在的負面後果。在後續的數十年間，科學家已逐漸了解，如果沒有伴隨適當的防護措施，核能技術會造成相當嚴重的致命傷害。放射性物質與核武的一個重要副產品是放出伽瑪射線光。藉由了解伽瑪射線如何透過這些過程產生，科學家和工程師有了另一種方法能偵測核武在何時、何地被使用。

太空來的驚奇

隨著二戰後美國與蘇聯間的冷戰興起，伽瑪射線扮演的角色也亦發重要。1963年，美國空軍發射一系列名叫薇拉（Vela）的人造衛星，監測蘇聯是否遵循新近簽訂的禁止核武試驗條約。薇拉人造衛星在地球上空、海拔約六萬五千英里（大約十萬五千公里）處飛行（大多數衛星軌道高度約500英里或更低）。美國空軍將薇拉人造衛星置於這麼高的軌道，除了想監測在大氣層高層的可能核爆，還希望能監測在太空中的核爆。

▲ 這些照片呈現的是美國桑迪亞國家實驗室（Sandia National Laboratory）兩台強力的高能機器。上圖是HERMES機器，被視為世界上最強力的伽瑪射線發生器。HERMES是「高能輻射百萬伏特電子源」（High-Energy Radiation Megavolt Electron Source）的縮寫，這台機器主要用來測試伽瑪射線如何影響電子設備和軍事裝備。下圖是土星加速器（Saturn accelerator），主要的功能是產生X射線。雖然土星加速器也用來測試商業應用和國防系統，但大體上還是比較常用於物理學研究。

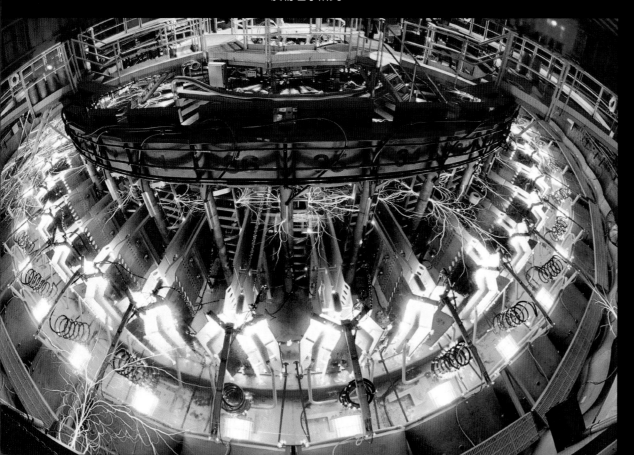

貝克勒、維拉德和拉塞福

就在威廉·侖琴發現X射線的一年過後，法國物理學家亨利·貝克勒（Henri Becquerel）注意到鈾（一種放射性元素）可以在感光板上留下記號，就算用厚重的不透明紙張也擋不住。1896年的這項發現，通常視為放射性的首次發現，某種程度上也可說是第一次認識伽瑪射線。

幾年過後，另一位名叫保羅·維拉德（Paul Villard）的法國物理學家在實驗室研究不同的天然放射性元素——鐳。維拉德注意到鐳的輻射（或光）跟侖琴的X射線不同，因為它們能穿透到物體的更深處。然而直到1914年，核子物理學家歐尼斯特·拉塞福（Ernest Rutherford）才證明，伽瑪射線確實跟X射線一樣是光，只是它的波長更短。

1871年出生於紐西蘭的物理學家歐尼斯特·拉塞福是核子物理學的先驅，除了確認伽瑪射線和其他類型的游離輻射都是透過放射性衰變產生，他同時還是優秀的化學家，在1908年獲得諾貝爾化學獎。

◀ 亨利·貝克勒

▶ 歐尼斯特·拉塞福

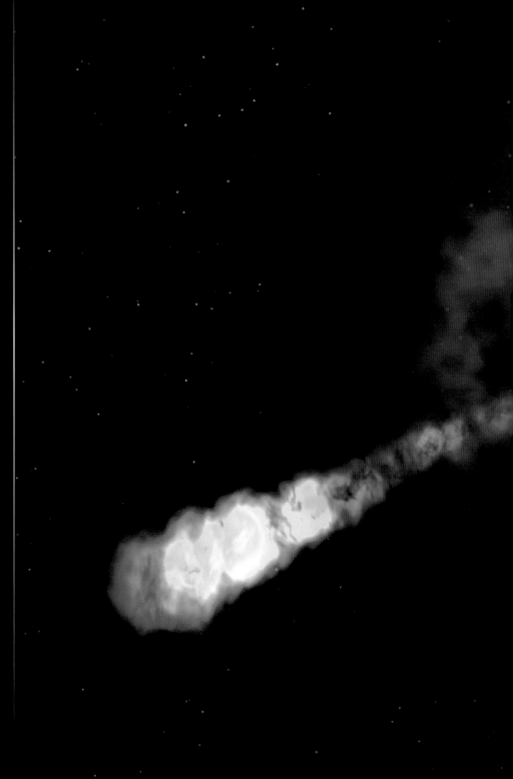

薇拉人造衛星攜帶的特殊儀器，不僅能偵測伽瑪射線，還能判斷它們來自哪個方向，經過幾年的監測，美國空軍結束了薇拉計畫。

薇拉計畫最後算是成功的理由不太尋常：雖然沒有偵測到蘇聯的核武，但卻發現了伽瑪射線。薇拉衛星看到的伽瑪射線，不是來自於蘇聯或其他國家的核爆，事實上，這些伽瑪射線甚至不是來自我們的太陽系。研究薇拉的科學家發現一個全新的現象，他們稱之為「伽瑪射線暴」（Gamma-ray Burst, GRB）。現今，天文學家知道，伽瑪射線暴是從大爆炸以來最光亮、遙遠的宇宙事件。實際上，一次伽瑪射線暴在10秒內釋放的能量，可能比太陽在全部的一百億年歲月中釋放的能量還高。

結果證明，太空中有許多物體會釋放伽瑪射線。跟X射線相似的是，伽瑪射線通常來自非常熾熱或能量很高的物體，例如高密度的恆星（稱為中子星），以及巨大恆星在生命終結時的爆炸（稱為超新星爆炸）。

天文學家也利用伽瑪射線研究靠近我們地球的東西，包括太陽系其他行星的土壤。舉例來說，目前有架繞行水星、名為「信使號」（MESSENGER）的太空梭，利用伽瑪射線偵測器察看水星表面有什麼元素。太空來的高能粒子撞擊水星時，岩石和土壤中的元素會釋放獨特識別標誌的伽瑪射線。同樣的，繞行火星的人造衛星，也使用伽瑪射線相關儀器掃描這顆紅色星球的表面，尋找氫和其他元素。

地球上的生物相當幸運，因為我們的大氣層阻擋了外太空生成的伽瑪射線。今日，美國太空總署和全世界的其他太空總署都在地球大氣層上方設有望遠鏡，直接觀察宇宙的伽瑪射線。

天文學家也已知道該如何尋找伽瑪射線撞擊地球時的識別標誌。透過仔細分析這一連串的粒子，天文學家能回溯到事件發生的源頭，這類型的伽瑪射線研究，可作為發射望遠鏡到太空研究伽瑪射線宇宙的輔助（通常也比較便宜）。

▷ 這幅藝術作品描繪的是伽瑪射線暴的常見類型，它有可能是在質量很大的恆星坍縮時發生。恆星坍縮之後，可能形成一個黑洞，向宇宙噴射出粒子噴流。

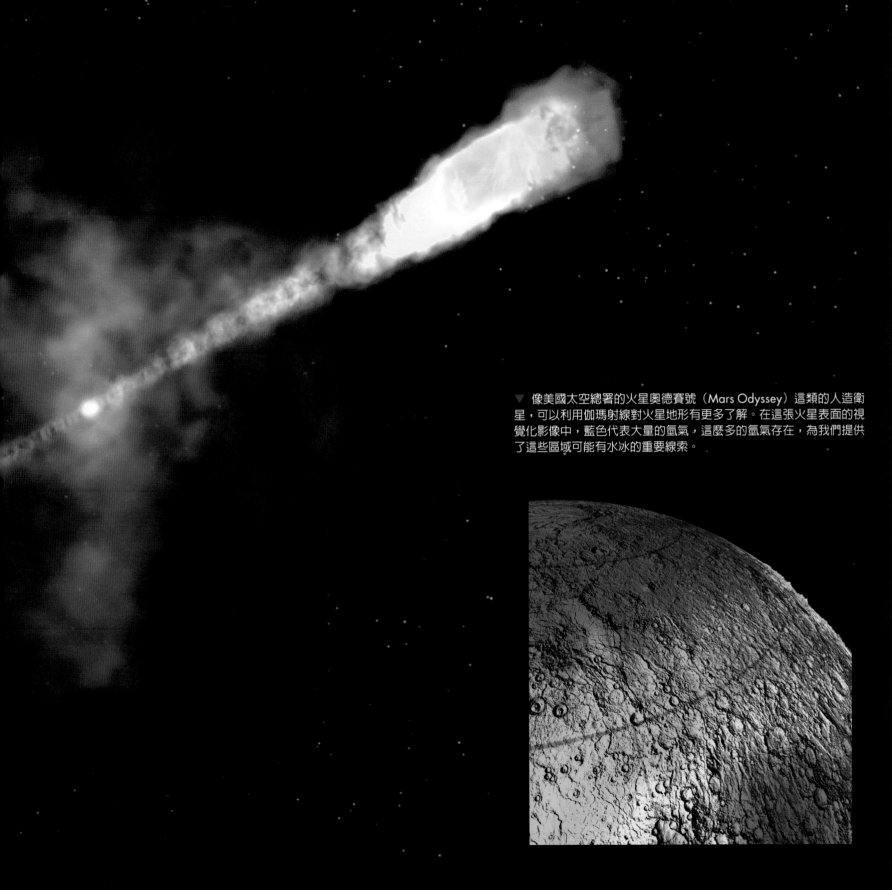

▼ 像美國太空總署的火星奧德賽號（Mars Odyssey）這類的人造衛星，可以利用伽瑪射線對火星地形有更多了解。在這張火星表面的視覺化影像中，藍色代表大量的氫氣，這麼多的氫氣存在，為我們提供了這些區域可能有水冰的重要線索。

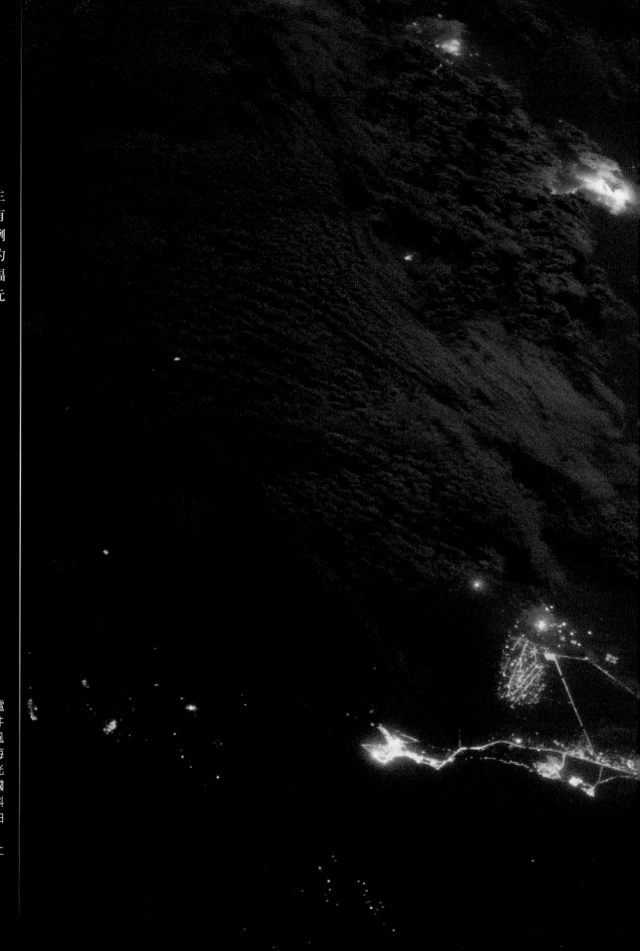

地球上的
伽瑪射線

你不需要前往太空，就能找到自然產生的伽瑪射線。地球表面和大氣層裡，有些地方具有自然生成的伽瑪射線。例如，閃電風暴有時可能產生一閃即逝的伽瑪射線。自然界還製造了天生具有輻射性的元素（例如鈾和釷），而這些元素在衰變的過程中會釋放伽瑪射線。

▷ 國際太空站裝設特殊儀器，能測量閃電並偵測伽瑪輻射。伽瑪射線通常跟激烈事件有關，像是爆炸的恆星、核爆或是太陽風暴，所以很難想像地球上光是因為閃電，每天就可能發生500多次的陸地伽瑪射線閃光（Terrestrial Gamma-ray Flash, TGF）。國際太空站的太空人在2013年12月拍攝到科威特（Kuwait）附近的閃電和沙烏地阿拉伯（Saudi Arabia）的明亮城市燈光（主圖），也在2011年1月拍到玻利維亞（Bolivia）上空引人注目的雷雨雲頂下緣（插入圖）。

雖然長期接觸伽瑪射線確實可能對人體造成傷害、甚而致命，但是這種形式的光，不一定全然只有破壞，就像X射線、紫外線和其他類型的光，人類也很努力將這種強力的光用在好的一面。腫瘤學家能在特定類型的放射治療中，利用伽瑪射線攻擊癌細胞。跟X射線的放射治療一樣，伽瑪射線要不直接殺死癌細胞的DNA，要不就是產生帶電粒子來破壞癌細胞。

醫生也注意到原子核不穩定的原子（稱為放射性同位素）在醫療應用上的潛力。有個常見的程序是讓病人吞下，或由靜脈注射含有放射性同位素的「追蹤劑」。接著，讓病人站在儀器（伽瑪攝影機）前，偵測追蹤劑在流經全身的過程中，沿途釋放的伽瑪射線，對於腦部、骨頭和腎臟以及血流方面的研究，這是個絕佳的診斷工具。

▶ 這些人體正面（左圖）和背面（右圖）的伽瑪射線影像，使用假色來幫助顯示骨頭裡的任何腫瘤。進行伽瑪掃描時，病人先注射或吞下會釋放伽瑪射線的放射性物質。放射性物質發出的伽瑪射線，穿過身體進到特殊的攝影機（下圖），這台機器會記錄體內的放射性分布，顯示哪些部位出現聚積。

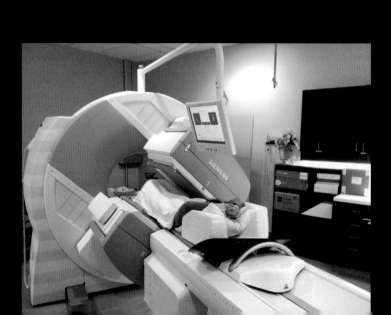

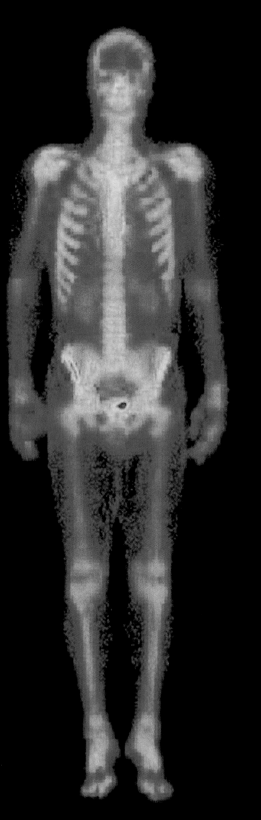

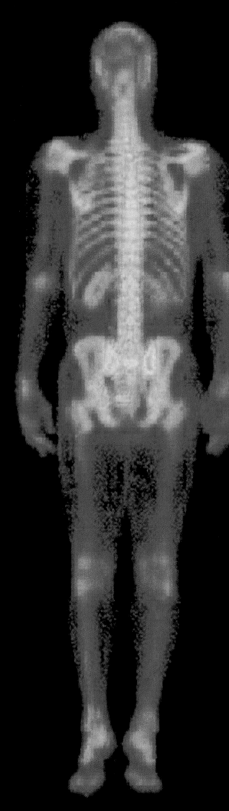

因為伽瑪射線能相當有效地穿透物質，所以在醫學領域之外也有很多有益的應用。製造業是其中之一，像是利用伽瑪射線檢查噴射引擎渦輪葉片的金屬零件和焊接點是否缺損。工程師用伽瑪射線照射機器，然後觀察成功穿到另一側的伽瑪射線有多少，跟醫療用X光一樣，這項技術讓我們能看到葉片上是否有缺口或其他問題。

科學家和工程師也利用伽瑪射線的高能量，研究油井的隱密地層、消毒醫院裡的醫療設備，以及對某些食物和香料進行加熱殺菌。散裝或包裝食物不是用加熱來消滅細菌和像沙門氏菌這類的病原體，而是用輻射光束（包括伽瑪射線）照射，消滅可能讓人生病的生物或化學實體。

◀ 伽瑪射線的用途很多，包括消毒醫療設備（例如這台伽瑪射線機器），甚至還可以對食物進行殺菌。

陸地伽瑪射線閃光

1991年，美國太空總署將搭載「康普頓伽瑪射線天文台」（Compton Gamma Ray Observatory, CGRO）的人造衛星發射到太空。康普頓的目標，是研究外太空物體發出的伽瑪射線。如同幾十年前的薇拉人造衛星，康普頓也發現令人相當訝異的事——從意想不到的地方發出伽瑪射線。只不過，這次的伽瑪射線來源是地球本身。

雖然精確的機制仍有待爭論，但科學家現在知道，康普頓是首次發現這種跟閃電有關的「陸地伽瑪射線閃光」（Terrestrial Gamma-ray Flash, TGF），這些陸地伽瑪射線閃光只持續短短的零點幾妙，但卻可以讓數百英里遠的人造衛星斷訊。目前的解釋是，在雷雨的內部或上方，電子正以接近光的速度行進，當電子跟大氣層裡的原子碰撞時，衝擊的能量大到可以釋放伽瑪射線。

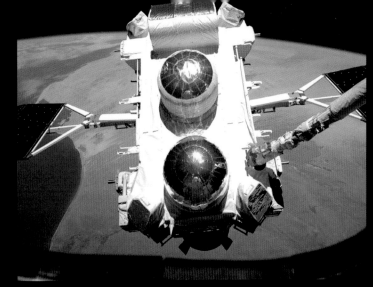

▲ 1991年，康普頓伽瑪射線天文台乘著亞特蘭提斯號太空梭（Space Shuttle Atlantis）進入太空，太空梭成員在人造衛星脫離時，拍攝到這張天文台照片，正下方是我們的地球。

▼ 2013年10月25日，我們的太陽以太陽焰的形式發出強力的輻射爆發，其中也包括伽瑪射線。事實上，這種光和帶電粒子的爆發，使太陽暫時變成伽瑪射線天空中最明亮的物體。為什麼會發生這個現象？太陽焰出現的期間，高能粒子可能衝撞太陽大氣裡的物質，製造出另一種名為π介子的粒子，而π介子在衰變的過程中會發出伽瑪射線。

當太空來的超高能伽瑪射線撞上地球的大氣層時，能量被轉換到粒子，製造出微弱藍光的流瀑。這種名為契忍可夫輻射（Cherenkov Radiation）的光，散開成圓錐的形狀，科學家可藉此估算原始伽瑪射線撞擊的軌道。

如果我們可以用高能伽瑪射線的眼睛來看月亮，月亮看起來就會比太陽明亮，這是為什麼呢？因為宇宙充滿了能量很高的帶電粒子，天文學家稱之為宇宙射線，這些宇宙射線會撞上月球，將月球表面的原子和分子炸出，接著，就生成了伽瑪射線。

放電

如果你曾在地毯上蹭幾下後摸門把被電到，或許你對放電就一點都不陌生了。到底發生了什麼事呢？你的腳和地毯之間的摩擦，會在手指上產生大量累積的負電荷，造成手指和門把間出現電位差，或說是電壓，如果電位差夠大，會發生突然的電流，這就是所謂的放電。放電不只是能讓你的手嚇一大跳，還可以產生地球或太空中最壯麗的光。

▷ 除了地球，我們的太陽系裡還有其他行星有極光和氣旋。有些也可能發生閃電，釋放伽瑪射線。在這張木星的特寫中，影像左邊的兩個光點和右邊的三個光點就是閃電風暴。

▽ 放電可能在暴風雨期間因摩擦而發生，累積的電荷最終導致能量以閃電的形式突然釋放。這張羅馬尼亞（Romania）布加勒斯特市（Bucharest）的全景照片，讓我們看到夜空中多處的閃電雷擊。

　　在厚實的暴風雲裡，由許多原子組成的大粒子彼此摩擦，造成電荷的顯著分離，引發接近一億伏特的電壓。當電壓變得如此大時，可能導致爆發性的放電，這就是我們觀察到的閃電。閃電不只出現在地球上。科學家已經在木星的北極和南極觀察到閃電。

　　磁鐵在電子迴路中旋轉也可以產生電壓。這就是發電機背後的原理。快速旋轉的高磁性中子星可充當發電機，產生一兆伏特以上的電壓，宇宙中這些超級發電機釋放的能量，可以照亮綿延好幾光年的雲。

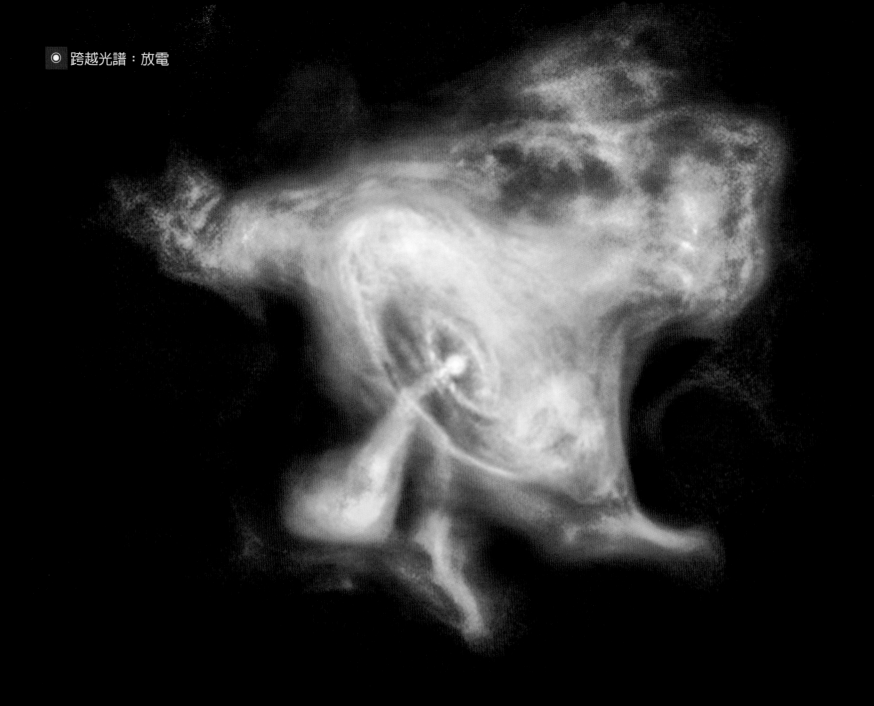

高磁性且快速旋轉的中子星，能產生一千兆伏特的電位差，這樣高的電壓（比閃電電壓大三千萬倍），製造出超大量的高能粒子，這些高能粒子，產生從無線電到伽瑪射線的輻射光束。它們就像是轉動的燈塔光束，這些發出脈衝的輻射來源，通稱爲脈衝星。無線電天文學家在1967年第一次觀察到脈衝星，

現在，已知的脈衝星大約有1,000顆。蟹狀星雲（Crab Nebula）裡的脈衝星，是目前已知最年輕且能量最高的脈衝星之一，發出的脈衝幾乎涵蓋所有波長（無線電、可見光、X射線和伽瑪射線）。天文學家另外觀察到幾十顆發出X射線脈衝的脈衝星，還有六顆會發出伽瑪射線脈衝。

▲ 數千光年以外的脈衝星和地球上的閃電有什麼共通之處？放電！這些影像呈現兩顆強力的脈衝星和它們周遭稱之為「星雲」的帶電粒子雲，分別是上圖的蟹狀星雲和右圖的PSR B1509-58。這兩顆脈衝星都因為放電，噴發出大量的高能粒子，形成星雲（上圖的藍色和金色以及右圖的亮金色）。

浩瀚宇宙

誠如先前所提，地球的大氣防護罩讓我們免於伽瑪射線的傷害，但也阻止我們直接從地面觀察它們。伽瑪射線望遠鏡研究的是一些聽來像科幻小說才有的驚人物體，包括耀變體、磁星、宇宙射線，以及暗物質等。

　　伽瑪射線暴最初看來像明亮的伽瑪射線閃光，在短短幾分鐘內出現和結束。是什麼造成伽瑪射線暴，至今理論不一，從中子星或黑洞的合併，到極大質量恆星的坍縮而產生所謂的極超新星（**Hypernova**）等眾說紛紜。

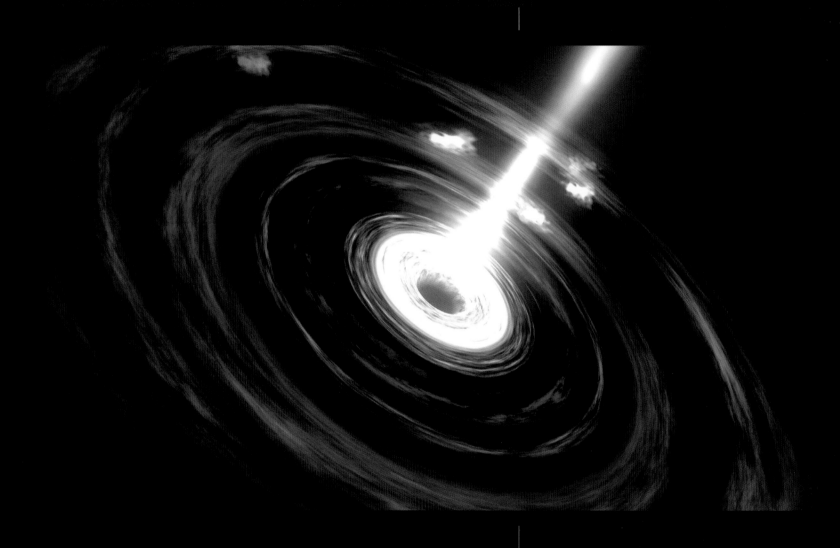

　　能夠產生伽瑪射線的其中一個物體是所謂的中子星，它是恆星坍縮後遺留下的緻密核心。有些中子星也具有極大的磁場，天文學家將它們命名為「磁星」（Magnetar）（右側示意圖所描繪），隨著磁場衰變，會產生伽瑪射線。另一類產生伽瑪射線的物體，是天文學家所謂的「耀變體」（Blazar），它們是中央含有巨大黑洞的星系，從黑洞會爆發出強力的噴流（參見上方的示意圖）。

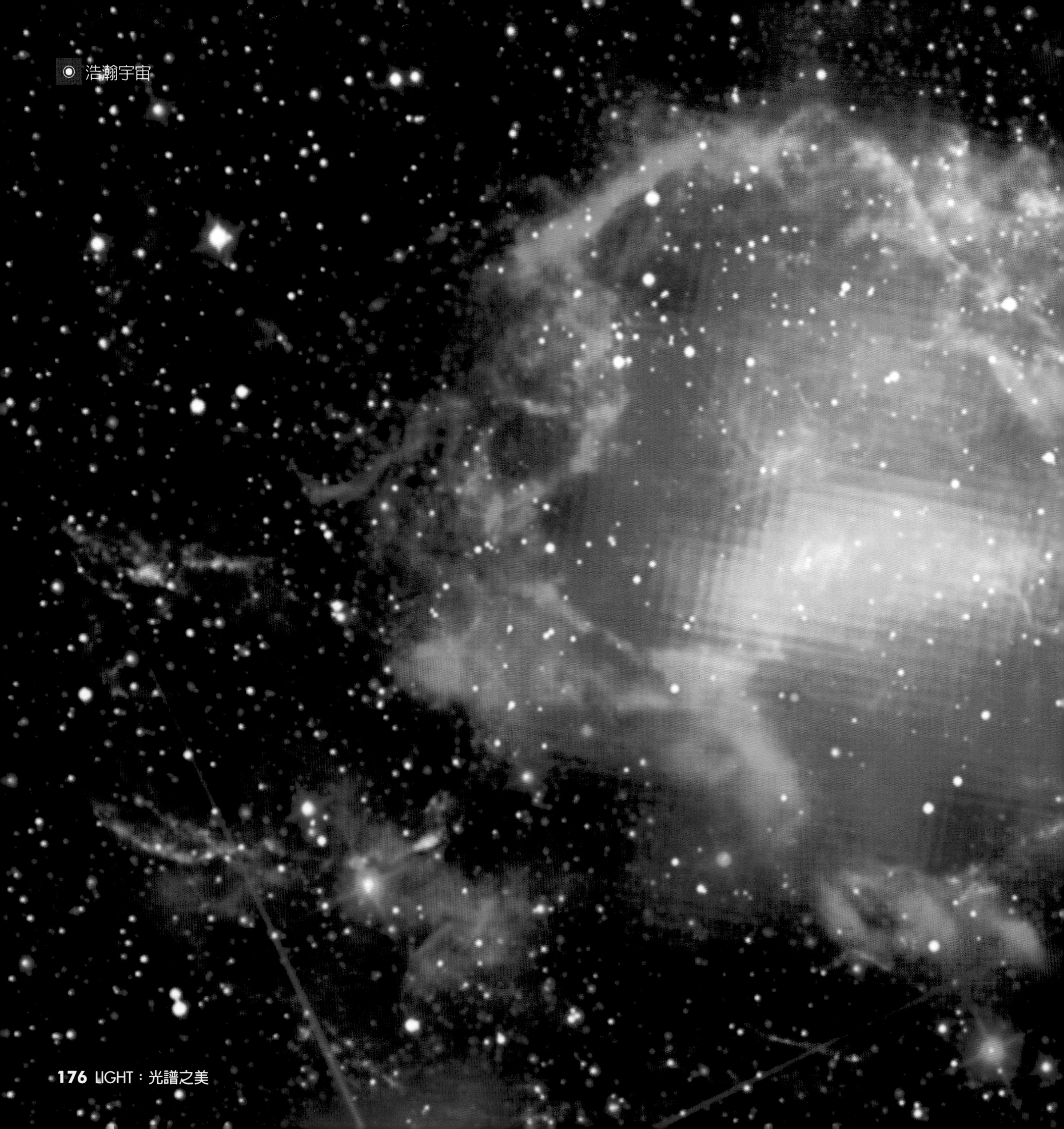

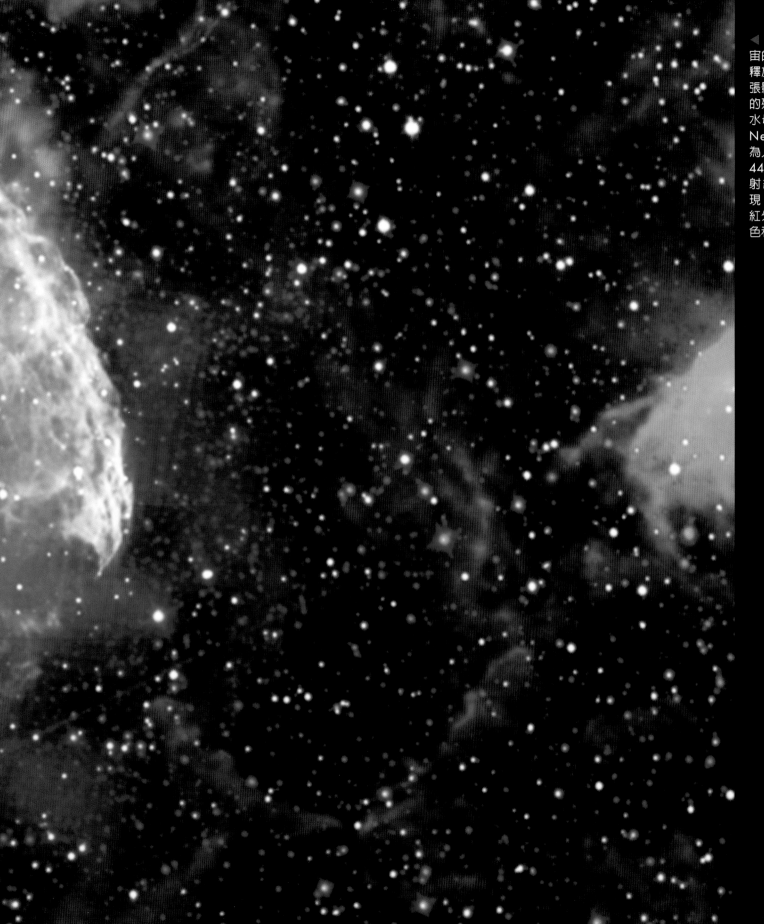

超新星爆炸是宇宙的激烈事件，可以釋放出伽瑪射線。這張影像呈現這種爆炸的殘骸例子，暱稱為水母星雲（Jellyfish Nebula，科學上較為人所知的名稱是IC 443）。發出的伽瑪射線用暖粉紅色呈現，可見光是黃色，紅外線則是紅色、綠色和藍色。

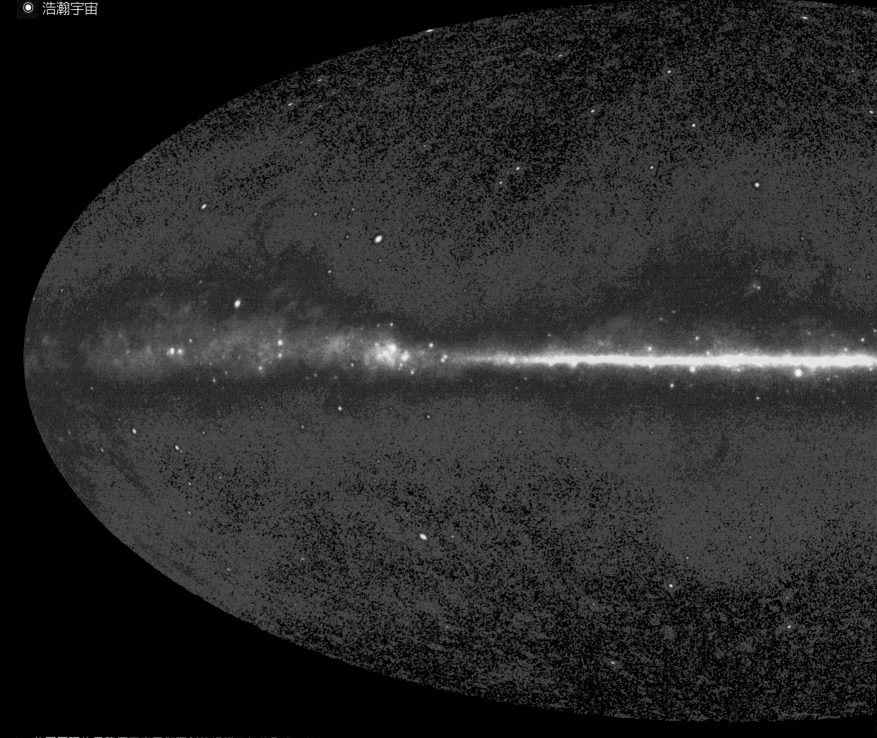

▶ 此圖展現的是整個天空用伽瑪射線掃描三年的影像,根據NASA
費米伽瑪射線太空望遠鏡(Fermi Gamma-ray Space Telescope)
(2008年發射的天基天文台)的觀察資料繪製。橫跨中間的亮紅色
與黃色部分,顯示我們附近活躍的伽瑪射線來源的所在之處——銀河
系的平面。一些零星分布在影像四處的個別來源,則是附近的爆炸恆
星以及遙遠而異常明亮的星系。

看完宇宙最奇特的物體後再回過頭來：我們的星球在最高能的光下看起來會像什麼樣子？看看這些影像，我們能看見地球竟然發出伽瑪射線光。我們的星球為什麼會發出這種超電荷的光呢？答案要從行進速度接近光速的帶電粒子去找，這些被稱為宇宙射線的極強粒子，來自於太陽，也有從更遙遠的宇宙源頭而來。宇宙射線從四面八方不斷往地球高速撞擊，幸運的是，地球的大氣層阻擋了這些宇宙射線，讓它們無法到達地球表面。然而宇宙射線與大氣層中的原子和分子交互作用，確實會造成伽瑪射線的釋放，這就是為什麼我們能在這不尋常的光下看到地球。

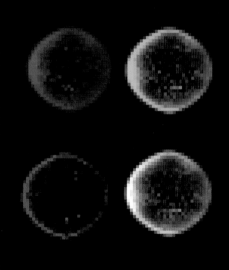

▼ NASA的費米望遠鏡可以研究非常高能的宇宙，它能捕捉能量超過可見光幾千億到幾兆倍的光子。

▲ 這些影像分別呈現在伽瑪射線的低光帶（紅色）、中間光帶（綠色）和較高光帶（藍色）下的地球，它們是NASA康普頓伽瑪射線天文台的觀察結果。將這三張影像合成，會得到右下的第四張影像。從1991到2000年在太空運行的這顆人造衛星，主要任務是觀看遙遠的宇宙物體，但它偶爾也會回頭看一眼我們的故鄉──地球。

結語

團結力量大

本書的主要內容是談論切分成七大類的光：無線電波、微波、紅外線、可見光、紫外線、X射線和伽瑪射線。這麼做是為了呈現光的涵蓋範圍相當廣泛，自己能獨立進行許多事情，也可以被人類利用來做得更多。

◀ 夏威夷（Hawaii）活火山噴發的白熱光背後，可以看見滿布星星的美麗夜空。許多古老文明都將銀河（Milky Way，直譯為「奶路」；關於此命名有個神話故事：在希臘神話中，宙斯是眾神之神，而希拉是宙斯的妻子。希拉的奶水很神奇，吮吸後會長生不老。宙斯跟有夫之婦阿爾克美生下海克力斯，希拉在不知情下哺餵了他，沒想到，天生神力的海克力斯吮吸太猛咬痛了希拉，她便把孩子推開。因用力太猛，奶水灑出來噴到天上，就成為了奶路）跟奶（Milk）聯想在一起，就像是羅馬人將之命名為Via Lactea（意思是「奶色之路」）。這是其中一個例子，顯示人類幾千年來一直都抬頭仰望夜空，努力研究天際。

我們已概述光可能各有不同，但現在想增強這個概念：無論具有的波長為何，或攜帶的能量多寡，光還是光。讓我們回到用鋼琴的琴鍵來比喻電磁波譜或光的整個範圍。鋼琴上的每個八度都會產生自己的專屬音調，在一首樂曲中扮演特殊且唯一的角色，但音樂家如果能自由運用鋼琴的所有音符與和弦，創作美妙樂曲的可能性就大幅增加。

光也是一樣。每種不同類型的光，根據各自的性質能做到不同且非凡的事，雖然已經相當厲害，但有時結合各類型的光，還會出現更驚人的發現和技術。

例如，就拿藝術的領域來說。藝術家在作品中用到光的方式各有不同，像是提供靈感或作爲媒介。然而，還有人希望用光來深入了解已故藝術家的作品。爲了做到這點，研究者通常利用不同種類的光，揭開歷史的眞相與作品的狀況。

舉例來說，藝術史學家和保存學家已利用許多種光，檢驗文森・梵谷（**Vincent van Gogh**）名爲「一塊綠草地」（*Patch of Grass*）的作品。我們先來看看可見光下的畫作樣貌，這只需要用到我們的眼睛。

雖然就表面價值已是件美麗的藝術作品，但研究者希望更了解這幅畫作可能訴說的其他故事。他們利用紅外線技術，揭開草地中隱約的模糊圖樣。藉由照射能穿透多層顏料的X光，揭露出隱藏的畫作細節。田園風光底下藏著某樣不同的東西：一位女性的肖像。

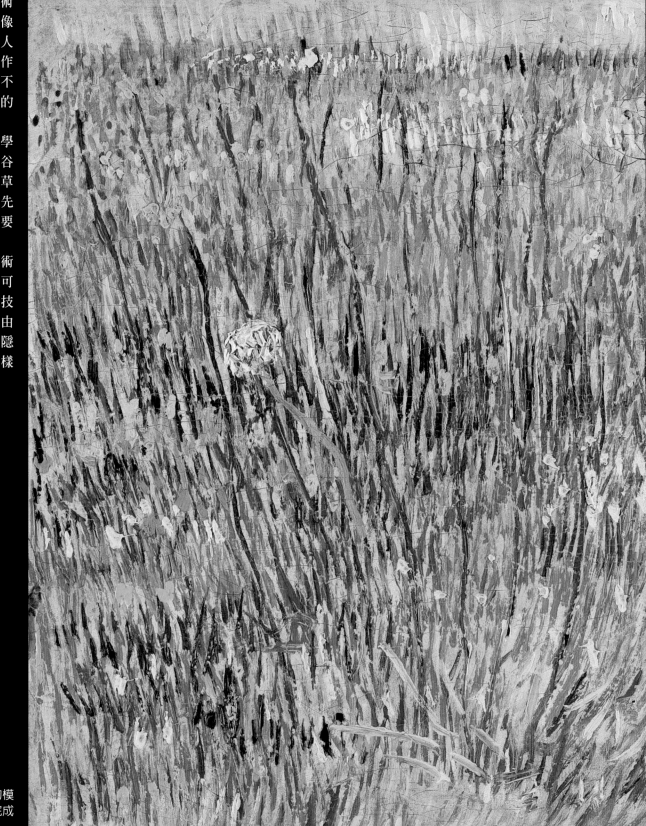

▶ 這是「一塊綠草地」在可見光下看到的模樣。1887年的春天，文森・梵谷在巴黎完成這幅小小的油畫。

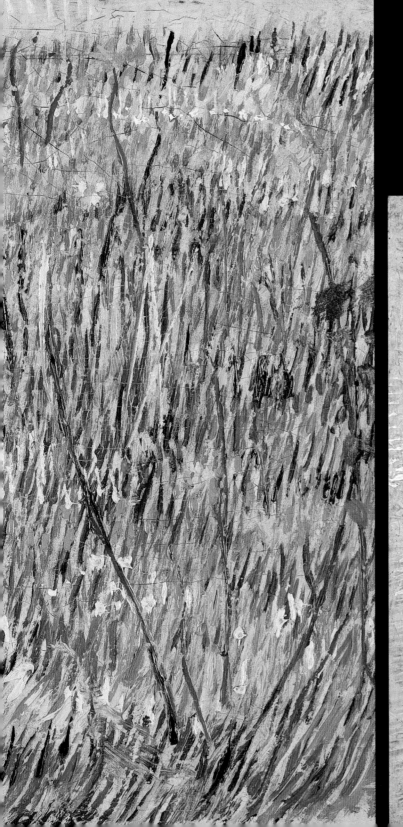

▼ 研究者利用位於德國漢堡（Hamburg）的德國同步加速器（Deutsches Elektronen Synchrotron, DEST）研究中心裡的DORIS加速器，在「一塊綠草地」（*Patch of Grass*）的風景底下發現了女性肖像。藝術史學家認為，梵谷在風景畫作的兩年前繪製了這幅肖像，重新利用畫布的原因大概是出於經濟因素（請注意：畫布逆時針旋轉了90度）。

藝術的保存和研究，只是運用不同類型的光發現新事物的其中一個範例。從醫療技術到工業程序等等，理解、進而最終使用所有光的能力，已爲我們在舒適生活、身體健康和生產力方面帶來大幅進展。

光的故事還有另外一半——大自然用光能創作的整首交響樂，向我們展現她的驚奇美妙。如果我們無法偵測與分析全面的光，我們就不太可能懂得科學——從原子的建構元件到宇宙的最大結構。雖然各類的光給我們一塊又一塊的自然界拼圖，但唯有將每一種光的訊息合在一起，才能看到世界如何運作的最完整樣貌。

用藝術捕捉光

幾世紀以來，藝術家一直努力想在自己的畫作中捕捉光，在此提出三幅我們喜愛的作品。

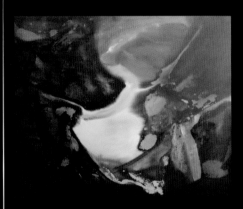

▲ 亨利・范本頓（Henri van Bentum）是加拿大的當代藝術家（1929年出生於低地（Lowlands）），使用壓克力、水彩和油畫顏料作畫。這幅名爲「躍出之光」（*Light Sprang Forth*）的作品，在1964年完成（用壓克力顏料在帆布上作畫）。或許由於他身爲鑽石切割師之子的背景，使他的作品大多具有結晶般的性質。他的畫作有個不變的特徵就是光度，似乎由內向外發散出光芒。

▲ 荷蘭畫家約翰尼斯・維梅爾（Johanne Vermeer，1632～1675年）聞名於世的是他在畫作中捕捉光線效果的技巧，以及作品中使用的明亮色彩。這幅名爲「地理學家」（*The Geographer*）的作品，是用帆布畫的油畫，完成於1669年。

▲ 法國印象派之父──克勞德・莫內（Claude Monet）
生於1840年，在1926年辭世。從1890到1891年
間，莫內在法國的吉維尼（Giverny）創作「乾草堆」
（*Haystacks*）系列，共有26幅油畫作品。這個系列描繪
的是各個季節中，每天在不同時段與各種天氣下的光線及
其感覺的差異。

科學家除了用不同類型的光探索最大規模的宇宙，也想盡辦法利用光探索最最微小的環境，將它們放大到數百或數千倍以上。光學顯微鏡利用可見光和透鏡系統，來放大非常小的樣本影像，利用光的各種性質（包括偏振），我們得以探索單細胞生物、細菌，還有其他微生物世界的種種奇觀。

在可見光之外，科學家也以眾多不同的技術利用紅外線、紫外線和X射線，研究最小規模的世界。影像的解析度取決於使用的光的波長，意思是越短的波長，能造出越小物體的影像。舉例來說，像是X射線在探究晶體的原子和分子結構時就非常有用。

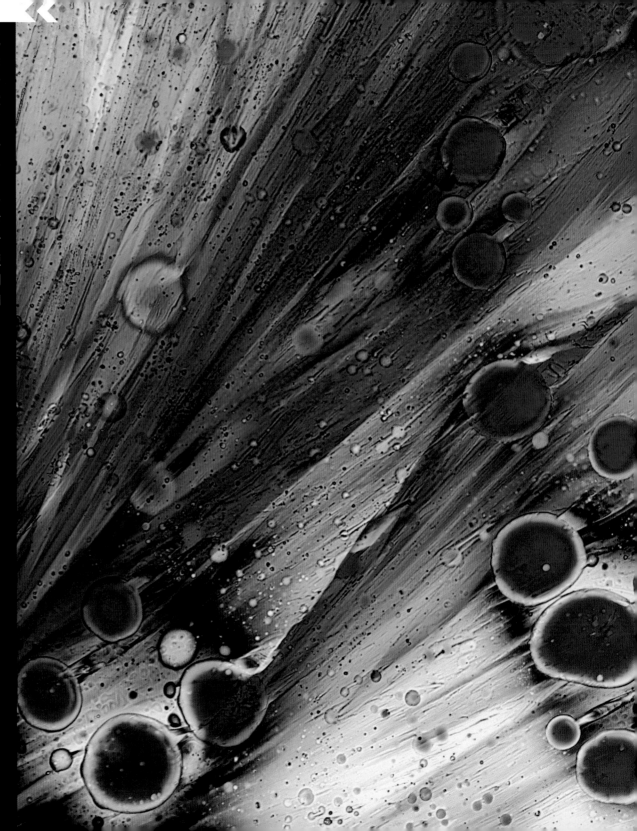

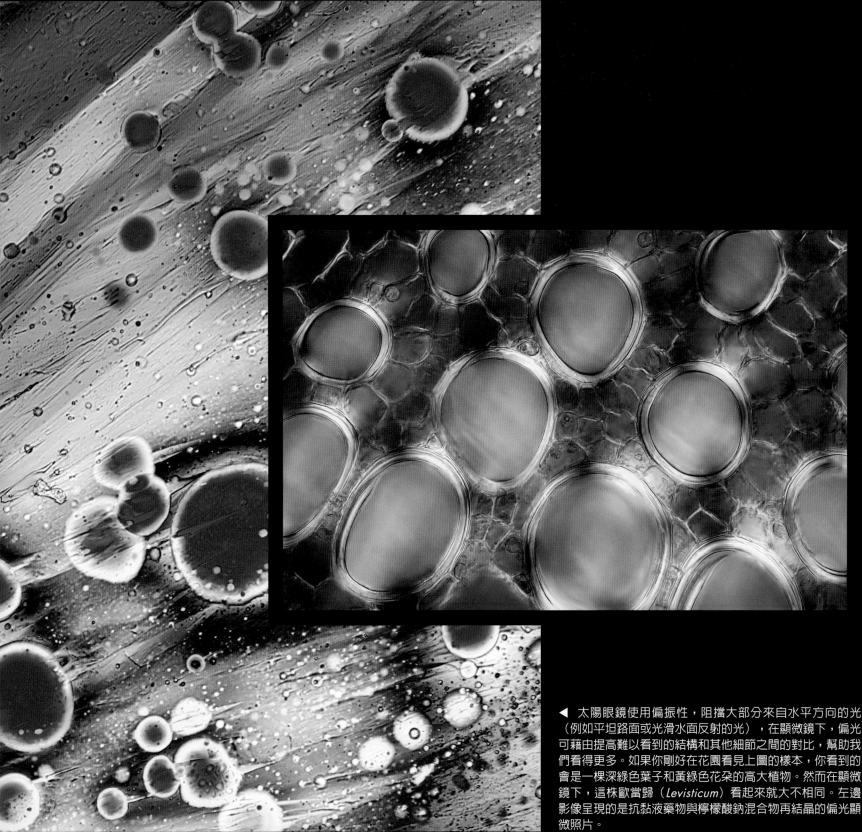

◀ 太陽眼鏡使用偏振性，阻擋大部分來自水平方向的光（例如平坦路面或光滑水面反射的光），在顯微鏡下，偏光可藉由提高難以看到的結構和其他細節之間的對比，幫助我們看得更多。如果你剛好在花園看見上圖的樣本，你看到的會是一棵深綠色葉子和黃綠色花朵的高大植物。然而在顯微鏡下，這株歐當歸（Levisticum）看起來就大不相同。左邊影像呈現的是抗黏液藥物與檸檬酸鈉混合物再結晶的偏光顯微照片。

跨越光譜
陰影

我們認為，本書到了最後很適合談一談沒有光的情況。許多人都了解陰影如何生成：如果你擋住光源（包括太陽），背後就會出現一個黑暗區域。看似簡單的概念，卻是各類型的光十分普遍，但也非常重要的屬性。雖然我們最熟悉的陰影是像陽光沙灘上的人影，但還有別的陰影是由規模完全不同的物體投影出來的。例如在月蝕期間，整個地球會在月球表面投下陰影，此外，我們也曾看過木星的衛星在木星的氣體表面造成陰影。

可以產生陰影的不只有可見光，事實上，陰影的性質，取決於物體及其阻擋的光的性質。例如，我們的陰影在可見光下和X光下看起來不同，骨頭的密度比肌肉組織和皮膚的大，因此阻擋更多的X射線，由於成功抵達骨頭背後那部分底片的X射線較少，所以產生的實質上是X射線的陰影圖像。但我們通常不會把醫院用X光拍攝的照片稱為X光「陰影」照片，多數只稱為X光片。

光的波狀性質影響光如何投影，例如，光在轉角附近會折彎，造成陰影的邊緣模糊不清。這被稱為「繞射」的效應，依光的波長而定，波長越長、繞射程度越大，繞射效應有許多實際應用，像是用於研究分子結構的繞射光柵以及全息圖。

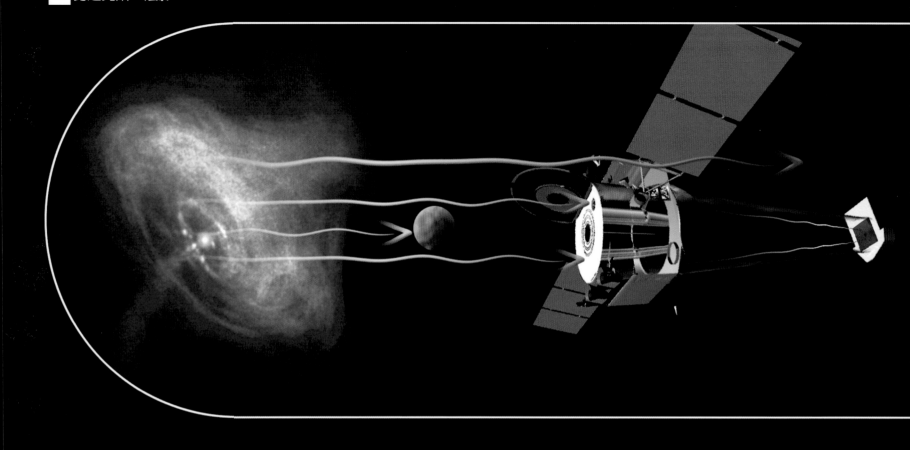

當你用不同類型的光察看相同的物體時，更能夠領會整個電磁波譜下的宇宙看來如何，渦狀星系（**Whirlpool Galaxy**）爲我們提供一個絕佳的範例。就像我們的銀河系，渦狀星系也是個螺旋星系，但跟銀河系不同的是，我們可以看到渦狀星系的完整結構，因爲它在距離地球約**3000**萬光年之處，正面朝向我們（我們無法好好地看清楚整個銀河系，是因爲我們被包在銀河系裡，請想想你站在山腳下，試著把整座聖母峰當成背景來自拍，這是辦不到的，除非你跟山之間有夠寬的距離）。

研究跟我們相似的星系，能幫助我們更了解自己身處的星系。天文學家需要用不同種類的光進行觀察，才能獲悉特定點發生的所有物理過程。舉例來說，無線電波能揭示較冷的氣體雲；紅外線光能顯示塵埃區塊以及正在形成的年幼恆星；**X**射線讓天文學家知道哪裡有恆星正在爆炸、哪裡有物質落入黑洞。所有細節都很重要，但若將它們組合起來，就會變得更加強大。

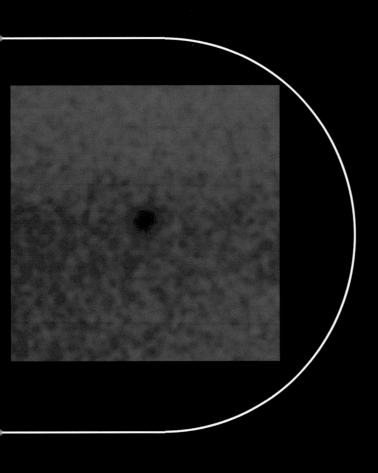

▶ 蟹狀星雲如何拍出泰坦星（Titan，土星的最大衛星）的X射線影像呢？從天文學來看，唯有在凌日期間可以捕捉X射線陰影。當泰坦星進入到明亮的X射線來源（蟹狀星系）與NASA錢德拉X射線天文台之間時，就能拍攝到衛星的X射線陰影。在這稀有事件期間獲得的資料，後續可用來測量泰坦星大氣的X射線。

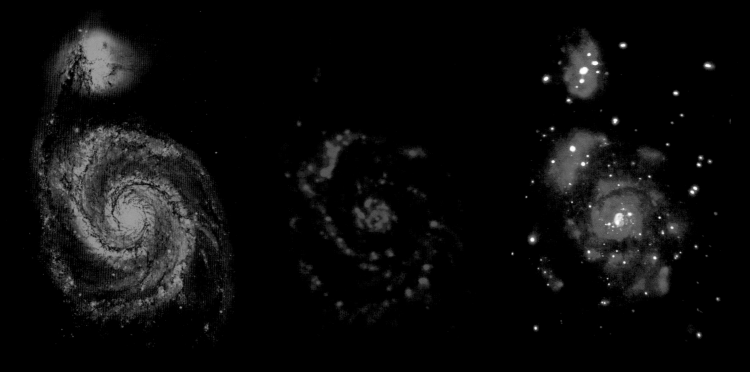

◀ 我們可以用各種光看一看渦狀星雲（M51），它是位在3,000萬光年遠處的美麗螺旋星雲。紫外線光炫耀的是年輕、熾熱的恆星，紅外線和可見光展現的是恆星與氣體的閃亮塵埃臂，X射線揭示出過熱氣體、中子星和黑洞這類的奇特東西。

我們希望本書有助於提醒你，光每天都以無數的方式（無論是象徵或實質）觸動著我們。雖然許多的接觸我們感覺不到，但對於我們的存在還是極其重要。各式各樣的光，是現代通訊、能量生產、醫學進展、娛樂等許多事物的核心。我們利用光來了解我們的世界，從最微觀到最巨觀、從離我們地球最近到宇宙的最遠角落。

沒有了光，我們在許多方面都將處於黑暗不明，如果你願意跳脫燈泡去看，在可見光外仍有充滿光的奇妙世界正等待著你。

▲ 我們的宇宙故鄉就位在銀河系裡，從地球上，我們只能看見環繞銀河系中央、形成一片薄盤的點點恆星，就像這張37個鏡頭拼成的全景照片中，橫過整個天際的那道美麗弧形。因為我們身在其中，無法好好地看清楚整個銀河系，除非我們可以把太空梭送到夠遠的地方，請它為我們拍一張全身照。

▲ 凝視夜空，可以看見我們的銀河系滿滿是光。從地球上的最佳地點看去，銀河系裡數不清的恆星產生的光，集結成一道看似奶色之路。其中因恆星間塵埃造成的深色斑塊，模糊了可見光下的銀河系中央視野。這就是天文學家為什麼要利用各種光的望遠鏡，研究我們的銀河系，還有宇宙各處的無數其他星系。

致 謝

我們要對許多人致上感謝：我們的經紀人Jean V. Naggar Literary Agency（著作經紀公司）的 Elizabeth Evans、我們的出版社 Black Dog & Leventhal，還有特別感謝我們的編輯Becky Koh。另外要向 Wallace Tucker 獻上最深的謝意，謝謝他對這個計畫給予的指導和睿智的想法。我們也很感激Peter Edmonds為我們審查本書。

若是沒有聯合國舉辦的「2015國際光之年」（International Year of Light 2015, IYL 2015）激起的火花，就不會有這本書的誕生。關於成就書中許多影像的「2015國際光之年」計畫——「燈泡之外的光」（Light: Beyond the Bulb）展覽，我們要感謝國際光電工程學會（International Society for Optics and Photonics, SPIE）的Allison Romanyshyn，以及Krisinda Plenkovich和學會中其他許許多多的人。我們也要謝謝所有允許我們使用資料素材的科學家、攝影師和藝術家們。我們很感激在錢德拉X射線天文台的同事們給予的支持，謝謝他們讓我們能從事像國際光之年這樣的計畫。

當然，在我們個人的生活中，也有許多人想要感謝。梅根忍不住想說說這老套的雙關語——家人就是她生命中的光。無論如何，她知道若是沒有Kristin、Anders、Jorja、Iver和Stella的愛與支持，她永遠都寫不完這一本書。金柏莉要對她的丈夫John、孩子Jackson和Clara、父母，以及幫助「點亮她的生命」的家人和朋友們所給予的愛與支持，獻上無比的感激。

進階閱讀

網站

Light: Beyond the Bulb
http://lightexhibit.org

International Year of Light 2015
http://www.light2015.org

MinutePhysics
http://youtube.com/minutephysics

Here, There. Everywhere
http://hte.si.edu

Optics Picture of the Day
http://www.atoptics.co.uk/opod.htm

Earth Science Picture of the Day
http://epod.usra.edu

Astronomy Picture of the Day
http://apod.nasa.gov

Causes of Color
http://www.webexhibits.org/causesofcolor/

The Physics Classroom
http://www.physicsclassroom.com/class/light

NASA's Mission: Science "Tour of the Electromagnetic
Spectrum"
http://missionscience.nasa.gov/ems/

書籍

Arcand, K. K., & Watzke, M. Your Ticket to the Universe: A
Guide to Exploring the Cosmos. Washington, D.C.: Smithsonian
Books, 2013.

Eckstut, J., & Eckstut, A. The Secret Language of Color:
Science, Nature, History, Culture, Beauty of Red, Orange, Yellow,
Green, Blue, & Violet. New York: Black Dog & Leventhal, 2013.

Orzel, C. How to Teach Physics to Your Dog. New York:
Scribner, 2010.

Rector, T., Arcand, K., & Watzke, M. Coloring the Universe:
An Insider's Look at Making Spectacular Images of Space.
Fairbanks, AK: University of Alaska Press, 2015.

影像出處

Navy photo by Cmdr. Ed Thompson

P. 102 (top) NASA, ESA, and the Hubble Heritage Team (STScI/AURA)-ESA/Hubble

P. 103 NASA, ESA, and the Hubble Heritage Team (STScI/AURA)

P. 102-103 NASA/JPL-Caltech/Malin Space Science Systems

P. 104–105 NASA, ESA, N. Smith (University of California, Berkeley), and the Hubble Heritage Team (STScI/AURA)

P. 106 NASA, ESA and the Hubble Heritage Team (STScI/AURA)

P. 107 NASA, ESA/Hubble

Ultraviolet

P. 108–109 Magdalena Turzańska, University of Wroclaw

P. 110 NASA/SDO

P. 111 (top left) Photo: Kreuzschnabel/Wikimedia Commons, Licence: Cc-by-sa-3.0 (http://creativecommons.org/licenses/by-sa/3.0/legalcode); (top center) Neptuul CC BY 3.0; (top right) Unknown artist/Wikimedia commons; (bottom left) ALFRED PASIEKA/SCIENCE PHOTO LIBRARY; (bottom right) Spigget, CC BY 3.0

P. 112 (top) Beo Beyond, CC BY-SA 3.0; (center) European Central Bank, Frankfurt am Main, Germany / Reinhold Gerstetter; this information (image) may be obtained free of charge through http://www.ecb.europa.eu/; (bottom) Davi96

P. 113 (top) Richard Bartz, Munich aka Makro Freak, CC BY-SA 2.5; (bottom) Petr Novák, Wikipedia CC 2.5

P. 114–115 Jon Sullivan

P. 115 Brynn, CC BY-SA 3.0

P. 116–117 Bjørn Christian Tørrissen, CC BY-SA 3.0

P. 118 Schristia, CC 2.0

P. 119 (left) Michele M. F., CC BY-SA 2.0; (top) Kevin Hale; (bottom) NASA/GSFC

P. 120 (top) Kevin Hale; (bottom) Jim G from Silicon Valley, CA, USA, CC 2.0

P. 119–120 Douglas Bank

P. 122 Richard Wheeler (Zephyris), CC 3.0

P. 123 Image courtesy Thomas Deerinck & Mark Ellisman, NCMIR, UCSD

P. 124–125 Nancy Kedersha/Science Photo Library

P. 126–127 NASA/CXC/M.Weiss

P. 128 NASA/SDO

P. 128–129 NASA/SDO

P. 130 Courtesy: Cassini imaging team at NASA/JPL/Space Science Institute.

P. 131 NASA/GALEX

P. 131–132 Galaxy Evolution Explorer Team for NASA/JPL-Caltech

P. 133 (top) X-ray: NASA/CXC/SAO; IR & UV: NASA/JPL-Caltech; Optical: NASA/STScI; (center left) NASA/STScI; (center right) X-ray: NASA/CXC/SAO; (bottom left) NASA/JPL-Caltech; (bottom right) NASA/JPL-Caltech

X-Rays

P. 134–135 Dr. Paula Fontaine/www.RadiantArtStudios.com

P. 136 (top) NASA/JPL-Caltech/GSFC; (bottom) Wellcome Library no. 45788i

P. 137, creative commons 4.0 (left) Dr. Paula Fontaine/www.RadiantArtStudios.com; (right) Unknown artist

P. 138–139 Dmitry G

P. 140 James Heilman, MD, CC 3.0

P. 141 GUSTOIMAGES/SCIENCE PHOTO LIBRARY

P. 142–143 Dr. Paula Fontaine/www.RadiantArtStudios.com

P. 144 (left) Michael Ströck; (right) Alexander McPherson, University of California, Irvine

P. 145 (top) Emily E. Scott, National Institutes of Health grant GM102505; (bottom left) http://en.wikipedia.org/wiki/File:Photo_51_x-ray_diffraction_image.jpg; (bottom center) Copyright (c) Henry Grant Archive/Museum of London; (bottom right) Marjorie McCarty, CC 2.5

P. 146 NASA/CXC/M.Weiss

P. 147 (top) European Space Agency; (bottom) NASA/CXC/SAO

P. 148 (top) Madcoverboy at en.wikipedia; (bottom) Photo by Juan Ortega Photography.com

P. 149 Wikimedia Commons – Violetbonmua, CC BY-SA 3.0

P. 149–150 US Air Force, Senior Airman Joshua Strang

P. 151 Stan Richard. nightskyevents.com

P. 152–153 NASA

P. 154 NASA/CXC/NCSU/K.J.Borkowski

et al.

P. 155 (left) NASA/CXC/Univ. of Wisconsin/Y.Bai. et al.; (right top) DSS; (right center) NASA/CXC/SAO; (right bottom) NASA/CXC/SAO

P. 156–157 NASA, ESA, J. Jee (Univ. of California, Davis), J. Hughes (Rutgers Univ.), F. Menanteau (Rutgers Univ. & Univ. of Illinois, Urbana-Champaign), C. Sifon (Leiden Obs.), R. Mandelbum (Carnegie Mellon Univ.), L. Barrientos (Univ. Catolica de Chile), and K. Ng (Univ. of California, Davis); (inset) NASA/CXC/U.Birmingham/M.Burke et al.

Gamma Rays

P. 158–159 ASPERA/R.Wagner, MPI Munich

P. 160 Lawrence Berkeley Nat'l Lab—Roy Kaltschmidt, photographer

P. 161 (top) Randy Montoya; (bottom left) Randy Montoya; (bottom left) Unknown artist; Paul Nadar

P. 162–163 NASA/GSFC; (inset) NASA/Goddard Space Flight Center Scientific Visualization Studio

P. 164–165 NASA/JSC; (inset) NASA/JSC

P. 166 (left) Ytrottier, CC BY-SA 3.0; (right) RVI MEDICAL PHYSICS, NEWCASTLE/SIMON FRASER/SCIENCE PHOTO LIBRARY

P. 167 Hank Morgan/SCIENCE PHOTO LIBRARY

P. 168 (top) NASA/MSFC; (bottom) NASA/SDO

P. 169 (top) NASA/Goddard Space Flight Center; (bottom left) Dave Thompson (NASA/GSFC) et al., EGRET, Compton Observatory, NASA; (bottom right) ASPERA/Novapix/L.Bret

P. 170–171 (top) NASA; (bottom) Catalin. Fatu at the English language Wikipedia, CC BY-SA 3.0

P. 172 NASA/CXC/SAO

P. 173 X-ray: NASA/CXC/SAO; Infared: NASA/JPL-Caltech

P. 174 NASA/Goddard Space Flight Center Conceptual Image Lab

P. 174–175 NASA's Goddard Space Flight Center/S. Wiessinger

P. 176 NASA/DOE/Fermi LAT Collaboration, Tom Bash and John Fox/Adam Block/NOAO/AURA/NSF, JPL-Caltech/UCLA

P. 178–179 NASA/DOE/Fermi LAT Collaboration; (inset) NASA/Sonoma State University/Aurore Simonnet

P. 179 ASA/CGRO/EGRET/ Dirk Petry

Epilogue

P. 180–181 Rogelio Bernal Andreo/DeepSkyColors.com/Ciel et Espace

P. 182–183 TAH9aKG-J5sfWA at Google Cultural Institute

P. 183 © DESY Hamburg, D; (DORIS accelerator) http://www.vangogh.ua.ac.be/

P. 184 (left) Natasha van Bentum, http://vanBentum.org; (right) Google Cultural Institute

P. 185 Unknown, Wikimedia Commons

P. 186–187 Marek Mís, mismicrophoto.com

P. 187 Marek Mís, mismicrophoto.com

P. 188 (top) Wikimedia Commons – Purityofspirit, creative commons; (bottom) Tomruen, CC BY-SA 4.0

P. 189 NASA/JPL

P. 190 (top) NASA/CXC/M.Weiss; (bottom left) X-ray: NASA/CXC/SAO; UV: NASA/JPL-Caltech; Optical: NASA/STScI; IR: NASA/JPL-Caltech; (bottom right) IR: NASA/JPL-Caltech

P. 191 (left) Optical: NASA/STScI; (center) NASA/JPL-Caltech; (right) X-ray: NASA/CXC/SAO

P. 192–193 ESO/H. H. Heyer

P. 194–195 Rogelio Bernal Andreo/DeepSkyColors.com/Ciel et Espace

P. 207 William Cokeley

P. 208 Data-AVHRR, NDVI, Seawifs, MODIS, NCEP, DMSP and Sky2000 star catalog; AVHRR and Seawifs texture-Reto Stockli; Visualization-Marit Jentoft-Nils

Creative commons licenses (no changes were made to CC images):

https://creativecommons.org/licenses/by-sa/2.0/ https://creativecommons.org/licenses/by-sa/2.5/ https://creativecommons.org/licenses/by-sa/3.0/deed.en https://creativecommons.org/licenses/by-sa/4.0/deed.en

▶ 每24小時自轉一周的地球，只有一部分被陽光照亮，因此我們的星球有一半是白天，另一半是黑夜。這張影像結合兩組資料：一組是反射陽光的地球；另一組是黑暗的地球，從中可看見人類製造的亮光。

▶ 當物體擋住另一個來源的光時，就能夠形成陰影。在這張照片中，我們看見美國亞利桑納州（Arizona）羚羊峽谷（Antelope Canyon）的壯麗岩壁上出現陰影，這是陽光從上方的開口灑落而成。陰影也可能出自不同類型的光，像是從無線電波往上到能量更高的X射線和伽瑪射線。

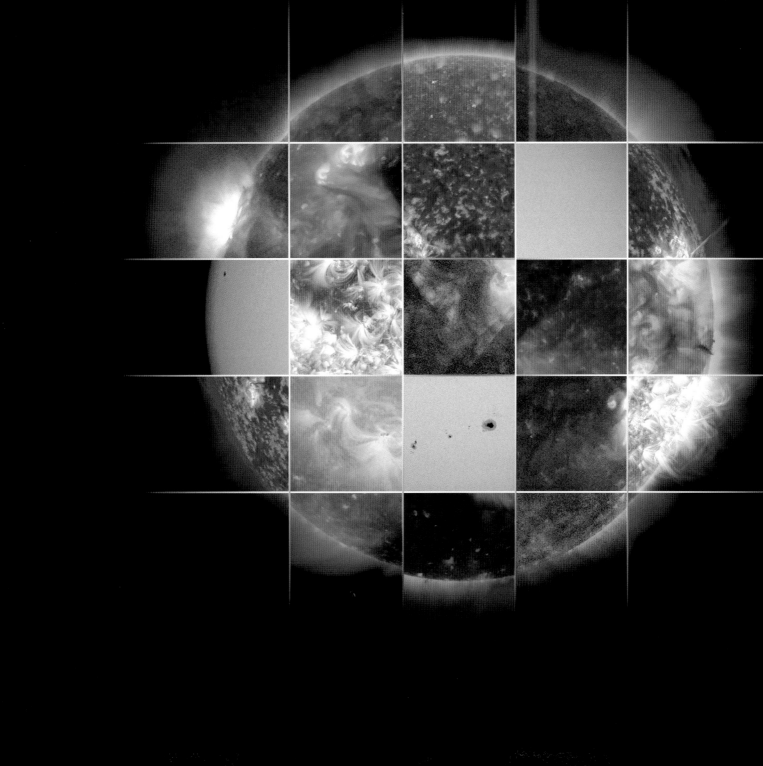

國家圖書館出版品預行編目資料

LIGHT：光譜之美 ／ 金柏莉・阿坎德, 梅根・
瓦茨克 著. -- 初版. -- 臺北市：五南, 2017. 06
　　面；　公分
譯自：Light: the visible spectrum and beyond
ISBN　978-957-11-9161-4（精裝）
1. 光譜學
336.5　　　　　　　　　　　　　106005877

5B20

LIGHT：光譜之美

作　　者：金柏莉・阿坎德（Kimberly Arcand）、
　　　　　梅根・瓦茨克（Megan Watzke）
譯　　者：李明芝
發 行 人：楊榮川
主　　編：王者香
封　　面：白牛奶
內文編排：徐慧如
出 版 者：五南圖書出版股份有限公司
地　　址：106 台北市大安區和平東路二段 339 號 4 樓
電　　話：(02)2705-5066
傳　　真：(02)2706-6100
劃撥帳號：01068953
戶　　名：五南圖書出版股份有限公司
網　　址：http://www.wunan.com.tw
電子郵件：wunan@wunan.com.tw
法律顧問：林勝安律師事務所　林勝安律師
出版日期：2017 年 6 月初版一刷
定　　價：新臺幣 680 元